Bruno P. Kremer

Mikroskopieren
leichtgemacht

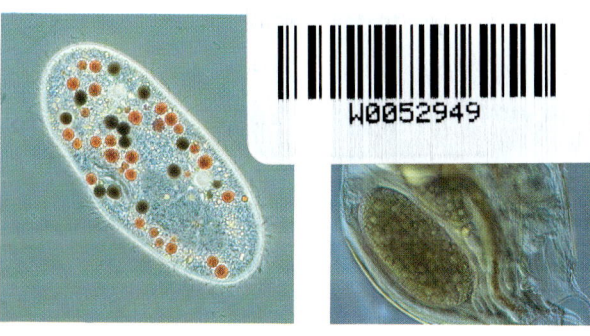

Kosmos

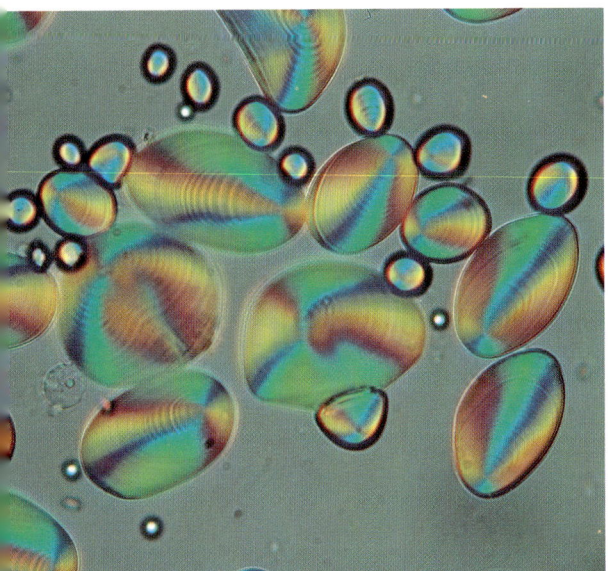

Wie Stücke aus dem Regenbogen: Kartoffelstärke
im polarisierten Licht

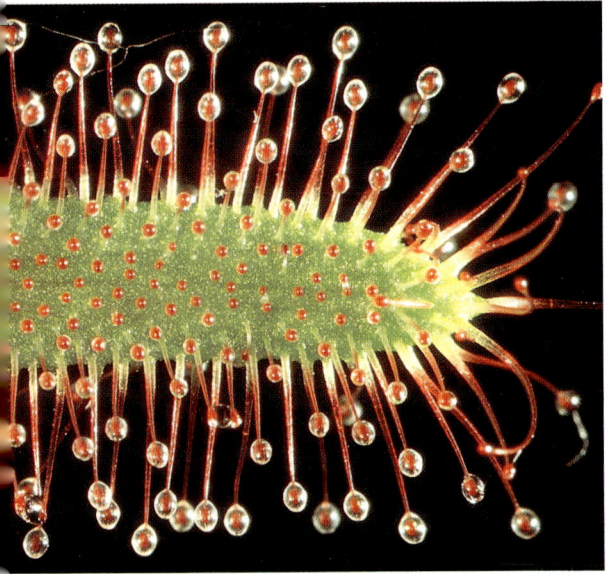

Blatt des Kapländischen Sonnentaus mit glitzern-
den Fangtentakeln für Kleininsekten

Inhalt

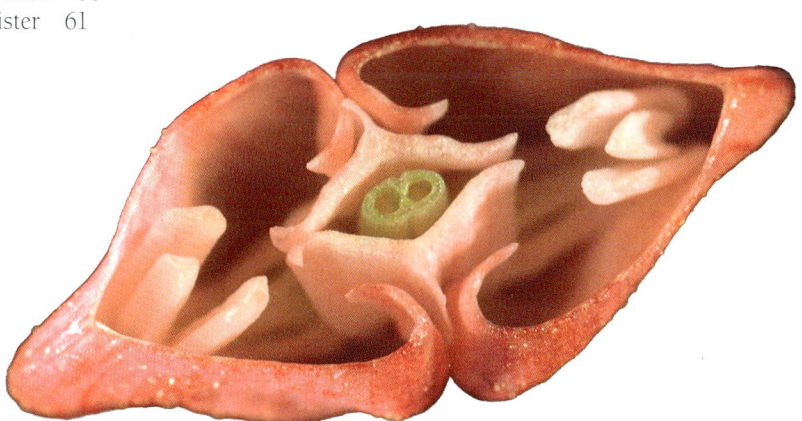

**Durch die Blume: Querschnitt einer Blüte
vom Tränenden Herz**

Welt im Kleinen

Die Grenzen der Erfahrung versetzen

Die Dinge im großen und ganzen zu betrachten schafft klare Übersicht. Welt-Anschauung aus kürzerer Distanz ist nicht weniger folgenreich.

Die Tautropfenlupe – Vorbild für die technische Optik

Blüten mit ihrer äußerst feinen Architektur sind erlebnisreiche Kleinwelten.

Die tägliche Erfahrungswelt stellt uns zahllose „Ansichtssachen" vor Augen. Wir sehen Landschaften, Häuserblocks oder Baumgruppen und sicher auch Blumen, Vögel oder Schmetterlinge, meist allerdings nur als Umrisse oder Farbflächen. Einzelheiten der Formgebung oder Ausfärbung „übersehen" wir dabei. Erst mit zunehmender Nähe wächst die Erkenntnis, daß unsere Welt aus unzähligen Kleinigkeiten besteht.

Der Kleine Schillerfalter zeigt seine Pracht.

Die Erdhummel rumort in der Blüte und pudert sich dabei mit Blütenstaub ein.

Wundertüte: Samen und Früchte von Wiesenblumen aus dem Gartengeschäft

Natürlich ist der Farbenrausch eines bunten Sommergartens ein tolles Spektakel für die Augen, doch eine feingliedrige Blüte oder die munter darin umherturnenden Insekten sind es ebenso.
Der Detailbetrachtung sind allerdings Grenzen gesetzt. Auch wenn wir die Nase ganz tief in eine Blume versenken, sehen wir nicht wesentlich mehr als aus normalem Leseabstand. Der glitzernde Tautropfen aber gibt ein Blatt vergrößert wieder. Damit wies uns die Natur einen Weg, wie wir in kleine Welten eintauchen können, die uns sonst verschlossen blieben.
Von der einfachen Sammellinse bis zum leistungsfähigen Mikroskop war es noch ein sehr weiter Weg.

„FLÖHE SO GROSS WIE SPANFERKEL"

Die vergrößernde Wirkung einer Sammellinse, die dem lichtbrechenden Tautropfen nachgeformt ist, war wohl schon in der römischen Antike bekannt. Funktionstüchtige optische Instrumente bauten sich besonders findige Menschen aber erst wesentlich später. Bezeichnenderweise

Minierende Raupe der Zwergmotte im Rotbuchenblatt

Blattverzehrende Insekten tarnen ihre Gelege.

begannen sie zunächst mit Fernrohren, um damit in astronomische Weiten zu schweifen und Himmelskörper zu beobachten. Vom großen Galileo Galilei (1564-1642) stammt beispielsweise ein schon sehr leistungsstarkes Himmelsfernrohr, mit dem ihm die folgenschwere Entdeckung der Jupitermonde gelang. Welcher neugierige Forscher seine Blicke erstmals nicht nach oben, sondern nach unten auf die sehr kleinen Dinge gerichtet hat, ist nicht jahr- und personengenau überliefert. Erst um 1590 sollen niederländische Linsenschleifer und Brillenmacher, die Gebrüder Jansen in Middelburg, für diesen Bereich ein einigermaßen taugliches Vergrößerungsgerät konstruiert haben.

Erste Lichtblicke

Deutlich besser wird wohl das erste zusammengesetzte, aus mehr als nur einer Linse bestehende Mikroskop des britischen Physikers Robert Hooke (1635-1703) gewesen sein - es gestattete immerhin bis zu 100fache Vergrößerungen und galt seinerzeit als sensationell leistungsfähiges Mikroskop. Das optische Hilfsmittel eines der bedeutendsten Pioniere der Mikroskopie, des Tuchhänd-

lers Antoni van Leeuwenhoek aus Delft (1632-1723), würden wir heute eigentlich als starke Handlupe bezeichnen, denn es bestand nur aus einer einzigen Linse. Leeuwenhoek hatte berufliche Erfahrung mit vergrößernden Lupen, vor allem mit sogenannten Fadenzählern, mit denen man (damals wie heute) die Qualität von Webgut beurteilte. So verwundert es eigentlich nicht, daß er aus Liebhaberei die verschiedensten Dinge seiner Umwelt buchstäblich unter die Lupe nahm und dabei erstaunliche Entdeckungen machte. Als man die Berichte, die er über seine Streifzüge mit dem Mikroskop verfaßte, zum erstenmal vor der ehrwürdigen Königlichen Akademie der Wissenschaften in London verlas, schüttelte man dort ungläubig die Köpfe oder, besser gesagt, die Perücken.

Die Lupe als „Flohglas"

Leeuwenhoek war gewiß kein systematisch arbeitender, aber dennoch ein leidenschaftlich beobachtender Forscher. Er schaute sich ziemlich wahllos einfach alles an, was sich zur genaueren Inspektion anbot - Zahnbelag und Wassertropfen, Pflanzenteile, zerzupfte Muskelfasern und Mücken, Läuse oder

te Welt des Mikrokosmos als vielmehr ein beliebter Zeitvertreib. Noch zu Zeiten Alexander von Humboldts galt es am preußischen Hofe durchaus nicht als unschicklich, den feinen Damen der Gesellschaft zum Ergötzen aller Beteiligten mit Lupe und Präpariernadel die eigenen Flöhe vorzuführen.

TIP: Solange eine große Stereolupe (noch) nicht zur Hand ist, kann man „Sehsüchte" auch mit Fadenzähler oder Einschlaglupe stillen. Man hält sie immer ganz dicht vor das Auge und führt das Objekt bis zum Scharfsehen heran. Sehr praktisch sind auch Klapplupen, die an einem Stirnband befestigt sind. Sie eignen sich besonders für den Einsatz beim Sammeln im Gelände.

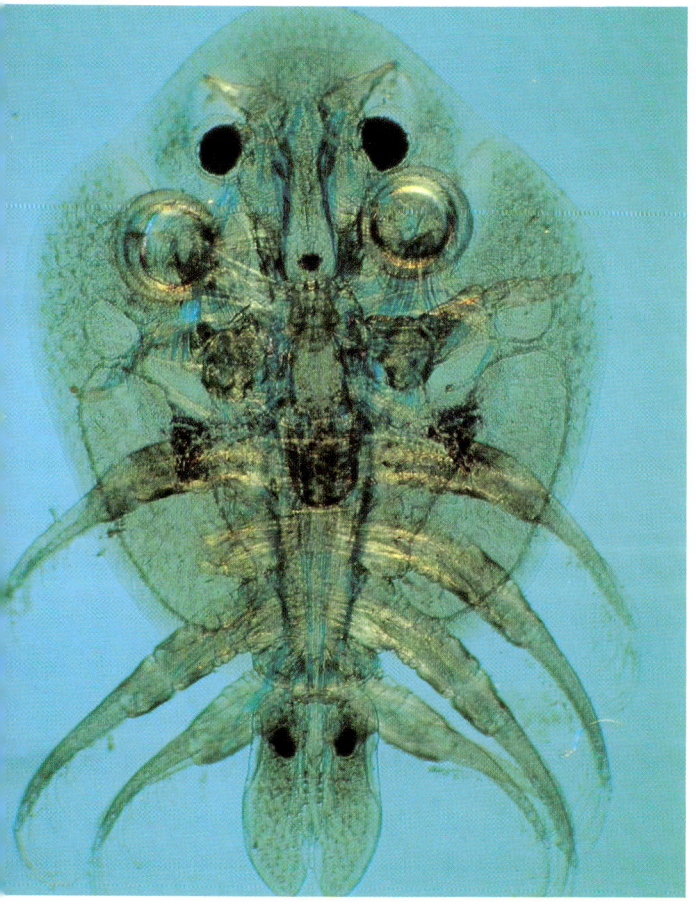

Die Karpfenlaus gehört zu den Kleinkrebsen. Ihre Chitinverkleidung macht sie zu einem besonderen Schaustück.

Gelbschwarze Warntracht am Kopf der Sächsischen Wespe

Flöhe. Davon muß auch der böhmische Theologe und Pädagoge Johann Amos Comenius (1592-1670) gehört haben. Immerhin schwärmt er in seinem seinerzeit sehr verbreiteten und erfolgreichen Lesebuch *Orbis Pictus* (Gemalte Welt) von den erstaunlichen Möglichkeiten der Vergrößerungsgläser und Mikroskope, die „Flöhe so groß wie Spanferkel" erscheinen ließen. Überhaupt waren vergrößernde Linsen (oder Flohgläser, wie man sie damals einfach nannte) weniger der Schlüssel in die noch weithin unerkann-

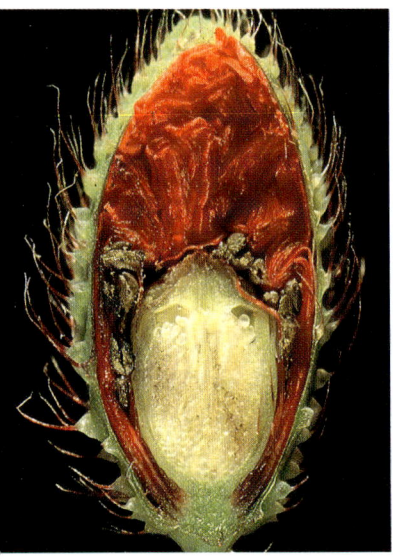

Knospe mit „Knautschzone" – Gedränge vor der Öffnung

Rouge et Noir: Kräftige Farben erreichen die Augen vieler Interessenten.

BUNTE GEBÜSCHE – FARBIGE DSCHUNGEL

Blumen sehen auf der Wiese oder im Garten wie Farbkleckse aus. Sieht man genauer hin, löst sich die au-

Türken-Mohn: sattes Farbmal im Blütenzentrum

genfällige Farbigkeit in vielerlei unterscheidbare Strukturen auf. Außen sitzt die meist mehrteilige Blütenhülle – lagenreich und aufgebauscht wie die Röcke der Rokokodamen. Weiter innen folgen die Staubblätter mit den prall gefüllten Pollensäcken – Blütenstaub am Stiel sozusagen. Bei manchen Blüten findet man nur ganz wenige Staubblätter, oft nur zwischen zwei und zehn Stück, während andere vielzählige, dichte Staubblattgebüsche besitzen. Hornkraut, Lichtnelke, Glockenblume oder Ehrenpreis geben sich mit der kleinen Lösung zufrieden, aber bei Klatsch-

Mohn, Rosen oder den Hahnenfuß-Arten finden die blütenbesuchenden Insekten richtige „Lollipop-Dschungel" vor. Im Zentrum der Blüte thront der Fruchtknoten mit seinen empfangsbereiten Narbenlappen.

Thema mit Variationen

Dieses allen Blüten gemeinsame Grundmuster hat die Natur spielerisch abgewandelt und dabei nahezu endlos viele Modellserien entwickelt, so daß jede Pflanzenart ihre unverwechselbare Blütengestalt erhielt. Wie in der Musik kann man beim Betrachten von Blüten ein Thema in immer neuen Variationen erleben, nur ist die Vielfalt ungleich größer als bei jeder akustischen Komposition.

Blüten sprechen mit ihrer aparten Eleganz zwar viele unserer Sinne unmittelbar an, doch sind wir mit den zahlreichen Form-, Farb- und Duftsignalen eigentlich gar nicht gemeint. Adressaten in der Natur sind Kleintiere, die als fliegende Kuriere die Pollen von Blüte zu Blüte zustellen und dabei die notwendige Bestäubung erledigen. Aber wie kann eine Pflanze Insekten oder in anderen Regionen der Erde auch Vögel und Fledermäuse für ihre Blüten interessieren, damit der Pollenversand zustande kommt?

Jedem das Seine

Größe, Gestalt und Farbigkeit der Blüten wirken als einladendes Werbeplakat, das tierische Besucher anlockt. Diese kommen jedoch nur, wenn sich der Anflug tatsächlich lohnt und die Blüte nicht nur eilige Frachtaufträge vergibt, sondern auch sofort in Naturalien zahlt. Manche Insekten erhalten in den Blüten proteinreiche Pollennahrung – die Fraßverluste muß die Blüte durch Massenproduktion ausgleichen. Das erklärt die große Zahl von Staubgefäßen bei

Klatsch-Mohn oder Hahnenfuß. Andere Blüten bieten alternativ oder zusätzlich zuckerigen Nektar an. Wenn Biene, Hummel, Schwebfliege oder Falter nach den vielversprechenden Honigtöpfen suchen, streifen sie die mitgebrachte Pollenladung auf den klebrigen Narbenlappen ab und pudern sich hierbei

TIP: Blütenteile lassen sich besser betrachten, wenn man sie mit der Rasierklinge abtrennt und auf einen Objektträger (oder schwarzen Karton) legt. Lohnend sind Längs- und Querschnitte durch die Fruchtknoten größerer Blüten bzw. Vergleiche verschiedener Reifestadien.

Saftladen: Hahnenfuß-Blüten haben reichlich Pollen und Nektar im Angebot.

unwillkürlich mit neuem Pollen ein.

Allein die verschiedenen Tricks, mit denen die Staubblätter dem Blütenbesucher ihren Pollen aufladen, sind äußerst reizvoll zu beobachten. Manche öffnen sich längsseits wie mit einem Reißverschluß, andere arbeiten nach dem Salzstreuer-Prinzip.

TIP: Sehenswerte Kleinigkeiten muß man unter der (Stereo-)Lupe beliebig drehen können. Zum Aufbocken der Objekte eignen sich Kronkorken, Zündholzschachteln und ähnliches. Mit Knetgummi und Präpariernadel kann man Objekte in jeden beliebigen Blickwinkel bringen.

LEICHT BESCHWINGT DURCH LAUE LÜFTE

Schon lange bevor Fische aus dem Wasser schnellten, um ein paar Meter durch die Luft zu gleiten, die Vögel sich zu Langstreckenfliegern entwickelten und auch einige Säugetiere, wie die Fledermäuse, ihre vergrößerten Hände mit einer dünnen Flughaut überspannten, beherrschten die Insekten unangefochten den Luftraum. Nur ganz wenige Verwandtschaftsgruppen sind flügellos geblieben, während die Heere der Mücken, Fliegen, Geradflügler, Hautflügler, Libellen, Schmetterlinge und Käfer die Luft unter die Schwingen nehmen.

Im Durchlicht (ganz oben) wirken die Flügel der Glasflügler wie Schaufenster. Erst im Auflicht (oben) zeigen sich neben der Behaarung auch Reste des Schuppenbesatzes.

Perfekte Technik

Im Unterschied zu den flugfähigen Wirbeltieren fliegen die meisten Insekten vierflügelig. Bei den Fliegen sind allerdings nur die Vorderflügel vollständig ausgebildet, während sich die Hinterflügel zu kleinen Schwingkölbchen vereinfacht haben. Auch die Käfer sind „funktionell zweiflügelig" geworden. Nur das zweite Flügelpaar blieb dünnhäutig, um Flugmanöver ausführen zu können. Das erste bildet die dicken, meist schön gezeichneten Deckflügel (Elytren).

In jedem Fall sind die Flügel der Insekten bewundernswerte Leichtbaukonstruktionen. Beim aus der Puppenhülle schlüpfenden Tier sind sie noch weich und wie Blätter in der Knospe gefaltet oder gerollt. Innerhalb weniger Stunden härten sie aus und bleiben dann wochen- oder sogar monatelang strapazierfähig. Technisch gesehen bestehen sie aus einer vergleichsweise dünnen und oft auch durchsichtigen Chitinfolie, die zwischen einigen symmetrischen, bei jeder Insektengruppe nach einem bestimmten Bauplan angelegten Adern oder Leisten aufgespannt ist. Farbige Haare und Schuppen sind zusätzliche Funktionsteile.

Auch die Flügelschuppen der Bläulinge schillern im Licht.

Wie Flügelmuster gebildet
werden, ist noch unbekannt.

Für das Auge zu schnell

Mit etwa 200 Flügelschlägen in der Sekunde umschwärmt die Wespe den Zwetschgenkuchen. Über 300 sind es bei den Stechmücken, deren hochfrequente Töne den Ohren so unangenehm sind. Auch wenn ein Taubenschwänzchen im Schwirrflug vor einer Blüte steht, um mit langem Rüssel Nektar zu naschen, bewegen sich seine Flügel rund 80mal je Sekunde – zu schnell, um der Einzelbewegung mit dem Auge zu folgen. Mit weniger als 0,1 Gramm pro Quadratzentimeter wird der Insektenflügel dabei nur sehr leicht belastet – etwa 100mal geringer als bei Vögeln.

Am Insektenflügel begeistern aber nicht nur die konstruktiven Merkmale, sondern auch die phantastische Färbung. Neben echten Pigmenten wie bei Zitronenfalter oder Schwalbenschwanz verwenden viele Schmetterlinge, darunter die hübschen Bläulinge, auch sogenannte Strukturfarben, die allein durch Lichtbrechung zustande kommen. Manche Schmetterlinge, wie die eigenartigen Glasflügler, haben ihr schmückendes Schuppengewand weitgehend abgelegt und die Tracht von Bienen und Wespen angenommen, unterstützt von gelben Ringen auf dem Hinterleib.

SAMEN UND FRÜCH-TE UNTERWEGS

Im Acker-, Garten- oder Siedlungsland finden jedes Jahr spannende Experimente statt: Wird eine Anbaufläche abgeräumt und umbrochen oder fällt sie für eine Weile brach, läßt die Natur sie dennoch nicht einfach links liegen. Kaum bleibt ein Stück Land sich selbst überlassen, regt sich auch schon wieder neues Leben. Pionierpflanzen machen sich sofort über die neuen Freiräume her und versuchen, sie möglichst flächendeckend für sich zu vereinnahmen. Huflattich und Löwenzahn sind bald zur Stelle, nahezu gleichzeitig auch Kreuzkraut und Weidenröschen, wenig später dann Disteln, und spätestens im zweiten Jahr Gehölze wie Weiden, Birken und Zitter-Pappeln.

Saftiges zum Anbeißen

Wie ist es möglich, daß sich auf frisch freigeräumten Flächen sofort neuer Bewuchs einstellt und dabei Pflanzenarten in Erscheinung treten, die dort vorher vielleicht gar nicht wuchsen?
Zweimal im Jahr nehmen viele Pflanzen die Mithilfe bestimmter Tiere in Anspruch – im Frühjahr und Sommer zur Pollenspedition von Blüte zu Blüte und später noch einmal, um als Samen oder Frucht mit einem tierischen Taxi das Weite zu suchen. Wie beim Verkehr zwischen den Blüten spielt auch in der Verbreitungsbiologie der Früchte die Zuckerbrotmethode eine große Rolle. Saftige Steinfrüchte und Beeren mit besonderem Makeup locken wie der Apfel im Paradies. Während die Frucht den Weg allen Fleisches geht, übersteht der Samen die Magen-Darm-Passage unbeschadet.

Ameisen als „Schlepperbande"

Dieses Verfahren funktioniert nicht nur mit Vögeln und Säugetieren. Vor allem Ameisen, die sich im Bestäubungsgeschäft der Pflanzen nur wenig engagieren, sind eine sehr wirksame Schlepperbande, wenn es um den Transport von Samen geht. Eigens als nahrhafte Ameisenmahlzeit vorgesehen, sitzt an den Samen mancher Pflanzen ein ölhaltiges Anhängsel (Elaiosom genannt), das die Tiere gerne verzehren und deshalb entsprechende Samen einsammeln. Dabei betätigen sie sich sozusagen als Gärtner, denn die liegenbleibenden Samen keimen bei nächster Gelegenheit

Stechginstersamen mit optisch auffälligem Ölanhängsel

aus. Das erklärt die rasche Verbreitung von Ginster-Arten, von Veilchen, Wolfsmilch und vielen anderen Ödlandpionieren.

Mit Haken und Ösen

Andere Pflanzen setzen auf feder-, haar- und kleidertragende Wirbeltiere. Ihre Früchte oder Samen arbeiten nach dem Enterhakenprinzip und lassen sich gleichsam als blinde Passagiere verschleppen. Kletten-Labkraut, Wilde Möhre sowie Odermennig erreichen auf diese Weise ganz beachtliche Reichweiten. Besonders interessant sind die pflanzlichen Luftakrobaten, die federleicht als Segler, fliegende Teppiche oder Fallschirmspringer durch die Lüfte eilen. Die Betrachtung mit der Lupe zeigt, daß sie ihre Luftfahrt-

tauglichkeit durch besondere Oberflächenvergrößerung erreicht – entweder durch lange Schwebehaare, wie die Pappeln und Weiden, mit haarfeinen Schirmchen wie Löwenzahn und Weidenröschen, oder breiten Gleitsäumen wie die Birken. Nur wenige dieser Konstruktionen hat unsere Technik übernommen und weiterentwickelt.

TIP: Früchte und Samen, die man beim Spaziergang in großer Typenfülle sammeln kann, zeigen ihre Formschönheit vor allem im Auflicht bzw. Dunkelfeld. Man legt sie auf schwarzen Karton und beleuchtet zur Betrachtung mit der Lupe von schräg oben. Kleine Objekte lassen sich in Glasdiarahmen montieren.

Die punktfeinen Samen der Weidenröschen hängen an behaarten Schirmchen, die sich beim Abflug aus der geöffneten Kapsel gegenseitig aufspannen.

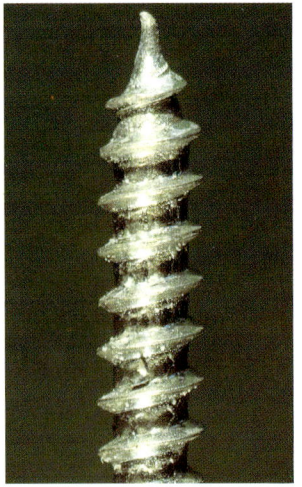

Jede Einzelflechte grenzt sich auf dem Stein gegen ihre Nachbarn ab.

Verzwickt. Rechts windend,
aber links gewunden

Abenteuer im Alltäglichen

Wundervolle Seh-fahrt zwischen Makro und Mikro

Die Flechte auf der Gartenmauer oder das Moospolster in der Pflaster-fuge mögen noch so unscheinbar sein – unter der Lupe sind sie für die wan-dernden Augen Minilandschaften.

Die unreifen Sporenkapseln des Flügelblattmooses zeigen eine bühnenreife Choreographie.

ders als ein Glas Wasser. Indem wir von der Makro- in die Mikro-Welt vordringen, lassen wir uns auf ein Seh-Abenteuer ein, das uns von vertrautem Terrain wegführt.

Die Kapseln des Frauenhaarmooses tragen eine haarige Zipfelmütze.

Brombeerstacheln sind Festung und Kletterhilfe zugleich.

Eines der Geheimnisse unserer Wahrnehmung ist der Sehwinkel. Er hängt nicht vom eigenen Standpunkt ab, sondern von der Optik der Hilfsmittel, die man zum Betrachten benutzt. Der Fadenzähler oder die Einschlaglupe und erst recht das aufwendigere Stereomikroskop liefern uns um so engere Ausschnittbilder vom betrachteten Gegenstand, je stärker sie vergrößern. Sie führen den Betrachter unter Verlust des Ganzen an das Objekt heran. Dabei verlieren die Gegenstände oft ihre vertrauten Eigenschaften – die veränderte Perspektive verfremdet, weil sie in ungewohnte Größenordnungen lockt, in denen vieles anders ist. Ein Wassertropfen verhält sich eben völlig an-

Im Gegenlicht erscheinen Blätter grün, weil ihre Pigmente alle übrigen Farben verschlucken.

stanz aufbauen. Mit Hilfe ihrer grünen Blätter lebt eine Landpflanze buchstäblich von Licht und Luft. Beides liefert ihr die Atmosphäre, während der „Betriebsstoff" Wasser von den Wurzeln über die feinen Leitbahnen herangeführt wird, die man im Blatt als Adernetz erkennt.

Obwohl die grüne Stoffwechselmaschinerie immer gleich aufgebaut ist, kann die Produktionsstätte Blatt die unterschiedlichsten Gestalten annehmen. In Größe, Umriß, Aufteilung

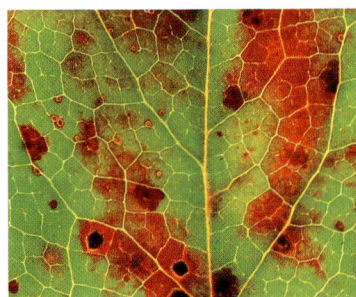

Rot sind Blätter nur im Herbst oder bei Stoffstörung.

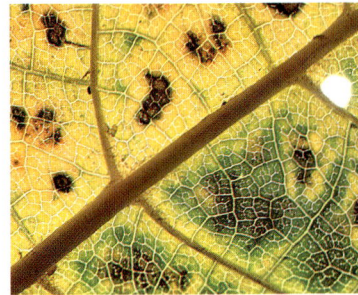

Blatthälften sind nicht völlig deckungsgleich.

DAS GRÜNE BLATT – PFLANZLICHE HOCH-LEISTUNGS-FLACH-WARE

Die Erde ist zumindest auf ihren Kontinenten ein grüner Planet. Grüne Pflanzen bestimmen dort weithin das Gesicht der Landschaften, und selbst in sehr unwirtlichen Gegenden wie der Antarktis wachsen blatttragende Pflanzen.

Der biologische Auftrag von Laubblättern ist klar: Sie müssen sich „ins rechte Licht" setzen und flächig ausbreiten, um möglichst viel Sonnenstrahlung einzufangen.

Licht und Luft geben Saft und Kraft

Blätter sind unentbehrliche, lebenswichtige Organe, die mit Hilfe von Lichtenergie wertvolle biologische Sub-

und Oberflächenbeschaffenheit sind Laubblätter so variantenreich, daß man danach oft die Arten bestimmen kann. Da finden sich die Riesenblätter der Pestwurz-Arten neben den Kleinstblättchen der Mastkräuter, die selbst an eine gute Lupe einige Anforderungen stellen.

Revue der Blattformen

Nicht einmal an der gleichen Pflanze finden sich zwei völlig übereinstimmende Blätter. Die normale Entwicklung sieht mit Keim-, Erstlings- und Folgeblättern ohnehin eine Revue höchst unterschiedlicher Typen vor. An fast jedem Stengel findet man von unten nach oben ganze Modellserien sich allmählich verkürzender Blattstiele oder zunehmender Vereinfachungen des Blattumrisses – vom Lebenswandel der Blätter im Bereich der Blüten einmal völlig abgesehen. Breitflächige, voll entfaltete Laubblätter sind staunenswerte Flächentragwerke, die jederzeit „Haltung bewahren" und Windbelastung oder Wasserbenetzung dennoch wirksam ausweichen. Ihre bewundernswerte Statik zeigt sich im Vergleich mit menschlicher Technik: Es ist nahezu unmöglich, ein normal großes Scheunentor ver-

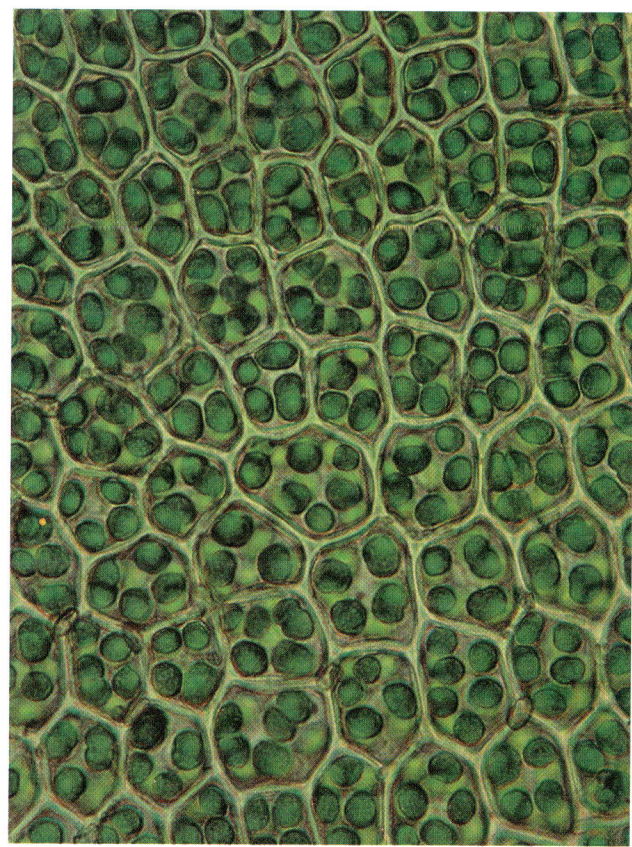

Chloroplasten (hier in einem Laubmoosblättchen) sind die eigentlichen Akteure der Photosynthese.

gleichbar stabil auf einem Besenstiel zu befestigen. Die eigentlichen Aktionsorte, an denen die Blätter ihre lichtabhängigen Stoffsynthesen vollbringen, sind die grünen Chloroplasten in den Blattgeweben. Für die Lupenbetrachtung sind sie bereits zu winzig. Das Mikroskop bildet sie dafür um so deutlicher ab.

TIP: Das formschöne Filigran der Blattnervatur und ihre höchst unterschiedlichen Grundmuster erkennt man besonders gut, wenn man Blatt und Lupe gegen die Lichtquelle hält. Bei Herbstblättern zeigt sich so auch der unterschiedliche Ablauf des Farbstoffumbaus.

LEBENSRAUM IN STREICHHOLZ-GRÖSSE

Nur bei recht oberflächlicher Betrachtung sehen Moospolster aus wie einheitlich grüne Samtbeläge oder Hochflorteppiche, die als Lückenbüßer zwischen Pflasterfugen sitzen oder die Nischen zwischen Waldbaumwurzeln auskleiden. Jede bessere Handlupe rückt diese unbedarfte

Sicht der Dinge gründlich zurecht. Selbst bei mäßiger Vergrößerung erweist sich ein kleinflächiger Moosrasen als dichtwüchsiger Dschungel aus Blättchen und Stielchen, deren unübersichtliches Gewirr ineinandergreift wie in einem üppigen Urwald – nur um ein paar Größenordnungen kleiner. Angesichts mancher Moosstandorte fragt man sich, wie ein so unscheinbares Pflanzenensemble auf seinem vorgeschobenen Posten über-

haupt bestehen kann. Die morsche Mörtelfuge oder ein Minigesims in rissiger Rinde geben doch wahrhaftig keinen attraktiven Siedlungsplatz ab.

Das Moos als Staubfänger

So klein sie auch sind, so sehr erweisen sich Moospflänzchen auch an den verwegensten Stellen als hochwirksame Staubfänger. Überall an ihren Wuchsorten sammeln sich daher mit der Zeit bescheidene Humusmengen an, die weite-

Fichtenkeimlinge kämpfen sich durch den dichten Moosrasen. Moosskorpione (oben links) und andere Kleintiere bevölkern die filzige Bodendecke.

Die hübschen Kapseln produzieren zahlreiche, mikroskopisch kleine Sporen, mit denen sich Moospflanzen vermehren und verbreiten.

ren Pflänzchen die Ansiedlung erleichtern. Hat erst einmal eines erfolgreich Fuß gefaßt, ist das weitere Wachstum des Polsters nur eine Frage der Zeit. Je größer die Moospflanzenkommune wird, um so besser sichert sie der Gemeinschaft Feuchtigkeit und Mineralien. Geradezu bilderbuchreif demonstrieren selbst die nur münzgroßen Moosensembles diese sogenannte Selbstverstärkung der Anfangsbedingungen – ein erstaunlicher, auf Systemerhaltung abzielender Effekt, der auch in viel größeren Ökosystemen wirksam ist und immer ein Gleichgewicht anstrebt.

Ohne Moos nichts los

Nirgendwo in der Natur bleiben mögliche Lebensräume längere Zeit ungenützt, und seien sie auch noch so klein. Auch im Moospolster finden sich daher sehr verschiedene Untermieter ein. Außer Zehntausenden von Bakterien, die uns nur das Mikroskop zeigen kann, leben im Wasserfilm der Moospflänzchen einzellige Kleinstorganismen, jede Menge Fadenwürmer, die sich durch die Labyrinthe schlängeln, dazu auch vorsichtig umherkletternde Moosmilben, Larven und Imagines der schlanken Moosmücken, ferner die eigenartig tapsigen Bärtierchen oder alle möglichen Kleinstschnekken.

TIP: Viele Moose lassen sich problemlos in Töpfen oder Schalen kultivieren. Zum Schutz gegen Austrocknung deckt man sie mit Folie oder einer Glasscheibe ab.

DORNEN, STACHELN UND ANDERE EIN-DRINGLINGE

Viele Pflanzen sind geradezu handgreiflich wehrhaft. Wenn der Hemdärmel an der Brombeerranke hängenbleibt oder die Hand zu unvorsichtig in den Stechginster langt, fühlt sich der Mensch unangenehm berührt. Dem liegt ein bemerkenswerter Sachverhalt zugrunde: In jeder natürlichen Lebensgemeinschaft fällt den Pflanzen die un-

dankbare Aufgabe zu, der Vielzahl der tierischen Vegetarier nahrhaftes „Grünzeug" liefern zu müssen. Die Natur drängte sie in die aufopfernde Rolle, sich einen Großteil des mühsam erzeugten Zuwachses und die saftigsten Gewebe immer wieder wegknabbern zu lassen. Niemand stellt diese Verhältnisse ernsthaft in Frage. Es ist eben normal, daß pflanzliche Biomasse von der Blüte bis zur Wurzel vielerlei hungrige Mäuler stopft.

Wehrhafte Pflanzen

So passiv Pflanzen vielleicht aussehen mögen, so flexibel und trickreich haben sie jedoch im Laufe der Evolution auf vielfältigen Fraßdruck reagiert. Mit gezielten Gegenmaßnahmen versuchen sie, den gierigen Zudringlichkeiten der Pflanzenfresser standzuhalten oder zumindest auszuweichen. Viele Pflanzenar-

Rosenstacheln sind lokale Wucherungen der Epidermis.

ten verbergen aus Gründen des Selbstschutzes lebenswichtige Einrichtungen wie Wachstums- oder Reserveorgane tief am oder sogar im Boden, um den Zähnen der Pflanzenfresser zu entgehen. Andere setzen sich dagegen mit besonders eindringlichen Stacheln und Dornen oder ausgeprägter Hartlaubigkeit zur Wehr. Äußerst erfolgreich ist auch die Methode, den pflanzenfressenden Weidegängern mit besonderen Inhaltsstof-

Für Kletterrosen im Garten sind die kräftigen Stacheln eine Aufstiegshilfe.

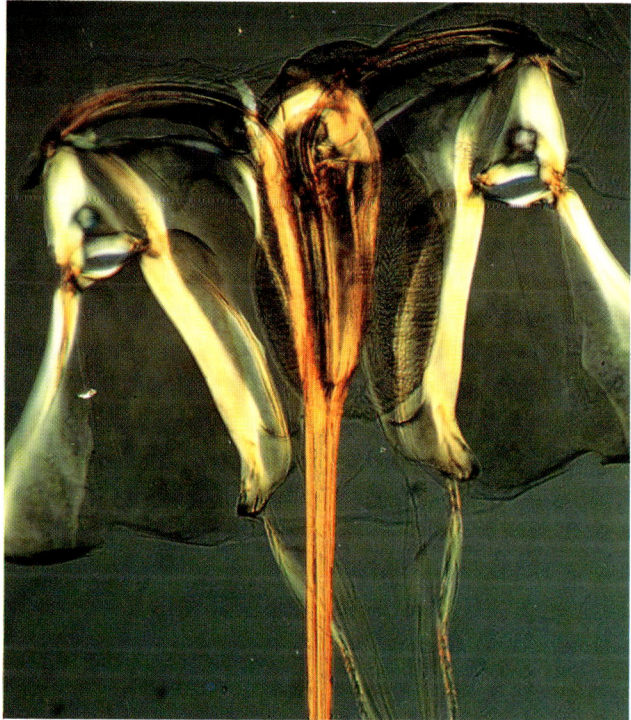

Stachel und Giftapparat einer Biene sind wirksamer als jede Injektionsspritze.

fen den Geschmack zu verderben oder sogar Giftstoffe zu speichern, die den Lebensnerv des unvorsichtigen Konsumenten treffen. Ohne hochproduktive Pflanzen gäbe es kein tierisches (und menschliches) Leben. Weit weniger banal liest sich die Umkehrung dieser Einsicht: Viele höhere Pflanzen gäbe es nicht in der uns heute vertrauten Gestalt, wenn sie sich nicht seit Urzeiten gegen Fraßdruck hätten verteidigen müssen. Gewiß halten Pflanzenfresser unter den eßbaren Pflanzen eine strenge Auslese, aber die Pflanzen blieben durchaus nicht wehrlos.

Bestechend gut

Um es gleich vorwegzunehmen: Keine Pflanze ist so ungenießbar, daß ihr nicht irgendein findiger Pflanzenfresser dennoch „ans Zeug" kann. Unverschämt spitze Dornen und besonders peinliche Stacheln sind ebensowenig eine absolut wirksame Rundumversicherung wie lederige Zählaubigkeit oder gefährliche Gifte. Wenn Pflanzen sich von allen Seiten bewehren und zu bestechend gut geschützten Festungen hochrüsten, wehren sie nur die wahllos zubeißenden Wiederkäuer ab, nicht jedoch die im Gewebe minierende Insektenlarve, die ihr grünes Menü auch im vielspitzigen Dornendickicht erreicht.

Das wehrhafte Äußere der Kakteen besteht nicht aus Stacheln, sondern aus richtigen Dornen, die aus der Umwandlung eines kompletten Organs hervorgegangen sind. Die ebenso wirksamen Haken an Brombeeren oder Rosen, die unsere feinfühlige Fassade so erbarmungslos ramponieren können, sind dagegen immer Stacheln. Sie bestehen nur aus lokalen Gewebewucherungen der äußeren Schichten von Sprossen oder Blättern und lassen sich eher abbrechen als starre Dornen.

TIP: Zum Anschauen mit der Lupe (im schrägen Streiflicht!): Stacheldickichte von Himbeeren, Wildrosen; diverse Disteln und andere „Spitzfindigkeiten" aus Feld und Flur.

VERFLECHTUNGEN AUF STOCK UND STEIN

Wo die meisten Blütenpflanzen und selbst die genügsamsten Moose klein beigeben, kommen die Flechten ganz groß heraus: Im frostklirrenden Hochgebirge, auf sonnendurchglühtem Gestein und salzgetränkten Brandungsfelsen, in staubtrockenen Wüsten und tiefschattigen Schluchten sind Flechten die Vorposten der Vegetati-

Die chromgelbe *Caloplaca* und die samtschwarze *Verrucaria* wachsen am Meer.

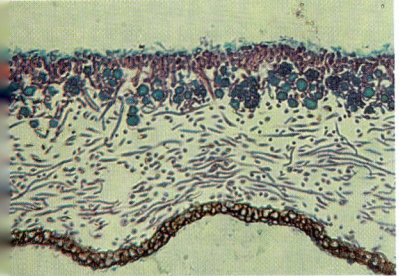

Zwischen den Pilzhyphen liegen die Flechtenalgen als kleine Kugeln.

on. In unseren Breiten kommen fast so viele Flechtenarten vor wie Blütenpflanzen – das Zahlenverhältnis beider Organismengruppen ist damit recht ausgewogen. Je extremer das Klima einer Großregion ist, desto mehr verschiebt sich das Verhältnis zugunsten der Flechten: In Skandinavien beträgt es 1,2 zu 1, in Grönland 2,3 zu 1 und in der Antarktis sogar über 150 zu 1. Entsprechende Ergebnisse erhält man auch, wenn man die Kleinlebensräume untersucht, die Flechten bevorzugen. Dazu gehören nackter Boden, bröselnde Mauerfugen, verwitternde Knochen, rostende Metallteile, ausgelaugte Baumrinden oder Dachschieferplatten, die die Sommersonne auf Bratpfannentemperatur aufheizt.

Einigkeit macht stark

Flechten sind überaus interessante Gemeinschaftsunternehmen, in denen sich zwei grundverschiedene Organismenarten zu einer eventuell lebenslang dauernden Betriebsgemeinschaft (Symbiose) zusammengeschlossen haben. Deren Repräsentanz übernimmt jeweils ein Pilzpartner (Mycobiont), der bis zu 95 Prozent der Flechtenbiomasse stellt. Die wirtschaft-

liche Führungsrolle einschließlich der Stoffproduktion ist aber Sache der Algenpartner (Phycobionten). Pilzpartner sind in unseren Breiten überwiegend Vertreter der Schlauchpilze. Die Algenpartner stammen aus verschiedenen Verwandtschaftsgruppen; es sind entweder Cyanobakterien (früher Blaualgen genannt), kugelige oder kettenförmige Grünalgen oder Angehörige bräunlich gefärbter Gruppen. Ob blaugrüne, grüne oder gelbbräunliche Algen im Hyphengewirr einer Flechte hausen, hat auf deren Färbung wenig Einfluß. Wenn man es genauer wissen will, muß man eine Flechtenprobe mit der Rasierklinge anschneiden und die Schnittfläche mit einer stärker vergrößernden Lupe betrachten.

Zweck-Wohngemeinschaft

Die oft sehr grellen, plakativ wirkenden Flechtenfarben werden von völlig anderen Substanzen erzeugt, die weder Alge noch Pilz allein herstellen können. Da in einer Flechte mindestens zwei verschiedene Organismenarten zusammenarbeiten und eine Gestalt aufbauen, ist der übliche biologische „Art"-Begriff hier problematisch. Zudem be-

Wind und Wetter nimmt der formenreiche Flechtenaufwuchs hin, schädliche Abgase in der Luft jedoch nicht.

zeigen die Staubflechten – sie sehen aus, als habe man aus der Sprühdose Flecken auf Rinden oder Gestein aufgetragen. Gallertflechten erinnern dagegen an Gummibärchen, die man zu Fladen ausgewalzt hat. Klarere Konturen, Rundungen, Felderungen und Fugen zeigen die Krustenflechten, die sich mit ihrer Wuchsunterlage innig verbinden. Blattflechten breiten sich auf Holz oder Stein mit lockeren Lappen aus. Die komplexesten Gebilde sind die Strauchflechten – sie erinnern an winzige Gehölze und werden im Modellbau auch gerne als solche verwendet. Nicht selten kommen alle möglichen Gestalttypen im gleichen Lebensraum oder auf derselben Wuchsunterlage vor – innig verflochten und so phantasievoll bunt gemustert und gefeldert wie das Stoffdesign für die neue Frühjahrskollektion.

zeichnet man Flechten heute nicht mehr als Pflanzen, sondern als ernährungsphysiologisch spezialisierte Pilze, die sich zur Sicherung ihres Lebensunterhalts produktive Algen halten. Aber auch die Flechtenalgen profitieren, macht ihnen die Symbiose doch Lebensräume zugänglich, die sie allein nicht besiedeln könnten.

Varianz der Gestalten

Die Formenvielfalt selbst der heimischen Flechten ist mit wenigen Worten nicht zu fassen. Hilfreicher erscheint die Unterscheidung verschiedener Gestalttypen. Den einfachsten Aufbau

TIP: Flechten untersucht man im feuchten Zustand. Anschnitte mit der Rasierklinge lassen schon im Lupenbereich die grüne Algenschicht eines Flechtenlagers erkennen. Hübsch anzusehen sind auch Vermehrungseinrichtungen wie die rundlichen Apothezien.

BEKANNTES UNERKANNT – KONTERFEIS GANZ AUS DER NÄHE

Unsere Erfahrung mit der Wahrnehmung der Umwelt läßt uns die meisten Gegenstände, die wir täglich zu Gesicht bekommen, sofort und meist auch richtig erkennen. Betrachten wir Alltagsobjekte mit optischer Hilfe einmal aus der Nähe, versagt der erprobte Erfahrungshorizont. Die Augen bekommen dann Bekanntes und sonst problemlos Erkanntes nicht nur näher und vergrößert angeboten, sondern dringen in andere Größenordnungen vor, in denen sie auf neue, wenig vertraute Strukturen stoßen. Das Abenteuer Sehen und Staunen nimmt dann seinen Lauf wie vor dem

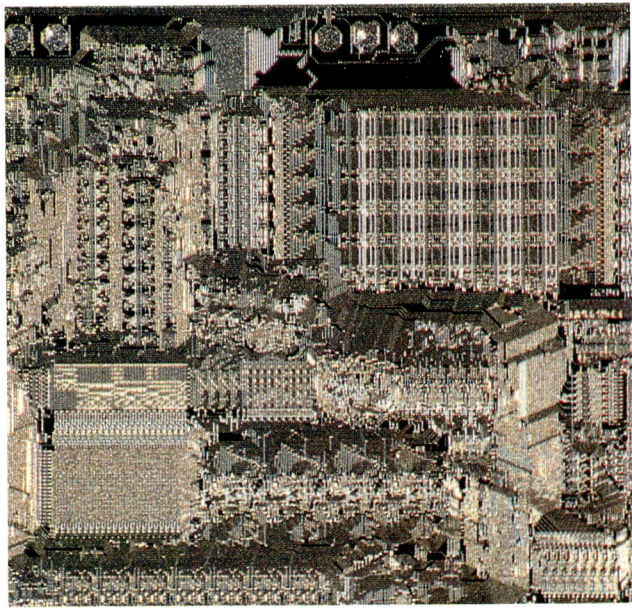

Futurismus: Nahansicht eines Microchips aus dem Taschenrechner

Die Vertiefungen auf der Compact Disc (CD) messen zusammen etwa 20 km.

Panorama einer zuvor nie besuchten Landschaft, in der man sich Orientierungshilfen sucht, um das Gesehene zu ordnen. Die Erfahrung zeigt, daß man sich bei Höhen oder Entfernungen häufig verschätzt, wenn man keine vertrauten Gegenstände wie Bäume oder Häuser zum Maßstab nehmen kann.

Die Probe aufs Exempel

Ein simpler Sehtest mit Blick auf eine stark vergrößerte Münze überrascht uns mit der Einsicht, daß unsere Augen in der neuen Sehumgebung keine Bezugspunkte finden, nach denen

sie entscheiden könnten, wo eigentlich oben und unten bzw. hinten und vorne ist. Ausschnitthaft Dargestelltes ist schlecht einzuordnen, wenn es aus seinem normal erlebten Zusammenhang gelöst wird. So nimmt die Schneide einer gewöhnlichen Rasierklinge unter der Lupe die Züge einer frisch gepflügten Ackerflur an, und die Reißkante eines kleinen Stückes Packpapier könnte man für ein zum Trocknen aufgehängtes, etwas verheddertes Fischernetz halten. Im Haus gibt es beinahe beliebig viele Objekte, deren genaue Untersuchung geradewegs in phantastische Kleinwelten führt. Ob man den Blick nun in Verbundwerkstoffe aus dem Abfalleimer oder eine Ecke vom letzten Knabberkeks versenkt, ob in den Querschnitt eines Elektrokabels oder in alle möglichen Gewebe vom Taschentuch bis zur Tüllgardine, das Ergebnis verblüfft immer wieder. Wir sehen mit den Augen normalerweise sehr oberflächlich und bekommen

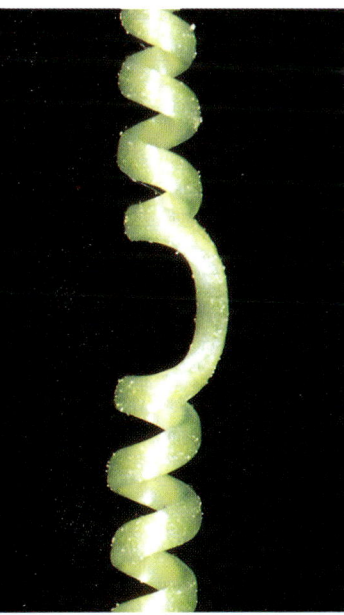

Elastische Kletterranke der Zaunrübe

viele Eigenschaften der Dinge nicht mit. Nicht umsonst ist die hilfreiche Handlupe spätestens seit den Zeiten von Sherlock Holmes ein unentbehrliches Requisit von Detektiven und anderen Neugierigen, die es immer noch genauer wissen möchten.

Natur als Vorbild

Die Lösungen, die die Natur für technische Probleme gefunden hat, sind nicht nur erstaunlich funktional, sondern oft auch verblüffend einfach und bewundernswert schön. Ein klassisches Beispiel ist der Spinnfaden. Er ist hochelastisch, tragfest, haltbar, umweltfreundlich – und einfach zauberhaft anzusehen, wenn er voller Tautropfen hängt.

Biologische Technik oder technische Biologie verwirklicht auch die nach Art eines federnden Telefonkabels aufgewundene Blattranke der Zaunrübe, die noch dazu mit Umkehrbögen überrascht, an denen sich jeweils der Windungssinn ändert. Dies ist sozusagen durch die Konstruktion bedingt, denn die Ranke wickelt sich von ihrer Mitte aus um die Unterlage, nachdem sich die Spitze bereits festgelegt hat. Die Ähnlichkeit mit einer Sprungfeder ist offensichtlich.

Auf anderen Feldern ist die menschliche Technik Wege gegangen, die die Natur so nicht verwendet – beispielsweise bei den hochgeordneten Leiterbahnen integrierter Schaltkreise oder sogenannter Chips, wie man sie in Uhren oder Taschenrechnern findet. Schon beim Anblick eines konventionellen Uhrwerks in der Lupendimension geht das Verständnis für den Funktionszusammenhang verloren, erst recht aber bei einem so komplizierten Gefüge wie einem Microchip. Und dennoch unterliegt auch er bei der Herstellung der mikroskopischen Qualitätskontrolle.

TIP: Für imaginäre Rundflüge über die Kleinstlandschaften aller möglichen Alltagsdinge ist Auflicht das Beleuchtungsmittel der Wahl. Man läßt das Beobachtungslicht schräg (mit etwa 45° oder noch flacherem Winkel) auf den Gegenstand fallen, um eine optimale Reliefwirkung zu erzielen.

Als aus- und einsichtsreiche Objekte bieten sich vielerlei Alltagsgegenstände an – Schrauben, Kugelschreiberspitzen, Schreibfedern, mit Glasschneider angeritzte Objektträger, verzwirntes Nähgarn, Kesselstein, Filmnegative, gedruckte Fotos aus der Zeitung oder das Innenleben der Armbanduhr.

Noch kleinere Ansichtssachen

Vorstoß zu den Horizonten der Winzigkeit

Bereits die Lupe enthüllt, was beim normalen, oberflächlichen Hinsehen verborgen bleibt. Das Mikroskop versetzt die Schranken der Sichtbarkeit nochmals um Dimensionen.

Schuppenhaar vom Sanddorn in polarisiertem Licht

Wechselwirkung des Lichtes mit flach gewachsenen Schwefelkristallen

Wie kaum ein zweites Instrument hat das Mikroskop unsere Weltsicht geprägt. Gäbe es diese leistungsfähige Sonde nicht, blieben für die Bereiche jenseits des unmittelbar Faßbaren wie im Mittelalter nur Mutmaßung und Rätselraten. Das Mikroskop hat besonders die Biologie und die Medizin revolutioniert. Gar wenig wüßten wir sonst über Bau und Entwicklung von Lebewesen oder über Zellen und das Zusammenwirken ihrer noch kleineren Bestandteile. Dabei zeigt das Mikroskop nicht nur winzigste Details, sondern auch staunenswert schöne und oftmals wunderbare Ordnungsgefüge – es enthüllt uns natürliche Kunstformen im sehr Kleinen.

Das grazile Filigran der Radiolarien begeistert jeden (Hobby-) Forscher.

Einzellige Foraminiferen

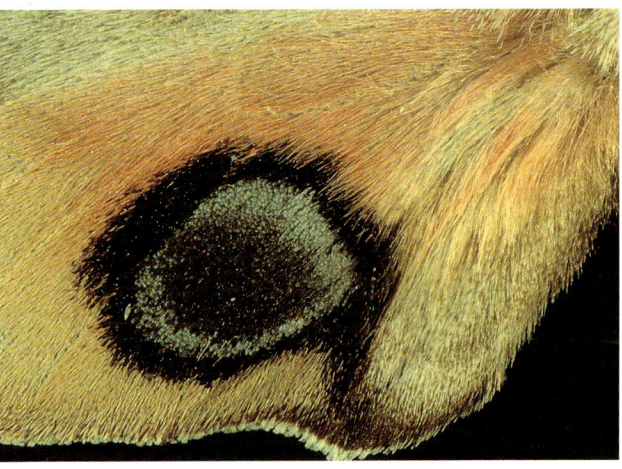

Linker Hinterflügelfleck des Abendpfauenauges

Der Anschliff des Eisenmeteoriten zeigt hexagonale Muster.

Bändererze entstanden vor Hunderten von Jahrmillionen.

TIEFE TÄLER, GLÄSERNE GIPFEL

Immer mehr lernt die Wissenschaft, daß die Natur keineswegs nur aus Ordnung besteht, die so streng vorherbestimmt ist, daß man sie bei Kenntnis aller Faktoren sogar voraussagen könnte. Nicht wenige natürliche Strukturen und Abläufe, z.B. die genaue Form einer Gewitterwolke, gehorchen zwar bestimmten Gesetzen, sind aber nicht exakt vorherzusagen. Sie verhalten sich offenkundig chaotisch. Selbst im Reich der Minerale, die uns als Inbegriff der Ordnung erscheinen, kann sich der Beobachter auf die reizvolle Gratwanderung zwischen hochgradiger Ordnung und völligem Chaos begeben. Licht ist eine äußerst hilfreiche Sonde, um den spielerischen Umgang mit Formen und Farben erfahrbar zu machen.

Mikro und Makro bedingen einander

Kristalle gelten geradezu als Musterbeispiele für die Ordnung der Materie. Schon im Altertum fiel der ebenflächige, winkeltreue Aufbau von Einzelkristallen und Kristallstufen auf. Aber erst Nikolaus Steno fand im Jahre 1669 durch genaues Nachmessen die Konstanz der Flächenwinkel heraus und erkannte darin ein hervorragendes Mittel, die Kristallformen zu beschreiben. Verstanden wurde das zugrundeliegende Raumgefüge allerdings erst später. Eine Zufallsentdeckung führte um 1800 den französischen Mineralogen René Juste Hauy auf die richtige Spur. Als er einmal die Mineraliensammlung eines Kollegen betrachtete, fiel ihm ein schön gewachsener Calcit aus der Hand und zerbrach in Hunderte Einzelstücke. Bei allem Ärger über dieses Mißgeschick entdeckte Hauy jedoch ein entscheidendes Merkmal: Die umherliegenden Bruchstücke waren sich untereinander ziemlich ähnlich und sozusagen verkleinerte Abbilder des zersprungenen Ausgangskristalls. Gedankenexperimente führten ihn zur Theorie der Elementarstruktur eines Kristalls, so wie sie in der Mineralogie bis heute fortbesteht.

Danach legt die mikroskopische Ordnung von Atomen oder Molekülen auch die makroskopische Form eines toten Körpers fest, oder umgekehrt: Die Kristallform läßt erkennen, wie ihre kleinsten Bestandteile zu einem substanztypischen Raumgitter angeordnet sind.

Auf die Achse kommt es an

In der Kristallographie bezeichnet man die in periodischer Anordnung wiederkehrenden Baueinheiten als Elementarzellen. Beim Kochsalzkristall ist diese Elementarzelle ein Gebilde, in dem jedes Baustück immer nur sechs Nachbarn hat. Die Natrium- und Chlorteilchen befinden sich demnach auf Gitterachsen, die allesamt senkrecht aufeinander stehen. Der daraus entstehende Makrokristall muß daher kubisch ausfallen – alle seine Flächen schließen rechte Winkel ein.

WELLENBRECHER

Kristalle kann man selbst züchten – z.B. durch Aufschmelzen und Erkaltenlassen einer Spatelspitze Schwefelpulver zwischen Deckglas und Objektträger oder aus gesättigten, warmen Lösungen (Ascorbinsäure, Haushaltszukker). Wenn man sie im polarisierten Licht betrachtet (vgl. S. 30), zeigen diese Substanzen ihre ungewöhnlichen Brechungseigenschaften für Lichtwellen. Aber auch Ansichten von Gesteinsan- oder -dünnschliffen im Auflicht (Makro- oder Mikroskop) werden zu bizarren Landschaften.

Der französische Mathematiker Auguste Bravais bewies bereits 1848, daß es nur eine begrenzte Anzahl verschiedener Elementarzellen geben kann. Sie finden sich heute in den sieben Kristallsystemen wieder. Unterschieden werden sie nach den Achsenverhältnissen, nach deren Länge und Ausrichtung zueinander.

Wie sich die zahlreichen Stoffteilchen in einer Lösung spontan zu einem charakteristischen Gitter zusammenfinden und auf diese Weise Kristalle bilden, ist ein erstaunlicher Fall von Selbstorganisation. Unübersichtlicher wird die Sache bei komplizierten Molekülen oder Stoffgemischen, wie sie in Mineralien vorkommen.

Begeben wir uns also mit Lupe oder Mikroskop auf die Reise in Kristallwelten. Äußerst spannend ist die Suche nach kleinen, zusammengewachsenen Kristallgruppen (= Stufen), die sich in den Hohlräumen verschiedener Gesteine gebildet haben. Wenn sie sehr klein und so für die Lupendimension geschaffen sind, bezeichnet man sie als Micromounts. Tolle Eindrücke bieten wachsende Kristalle aus gesättigten Lösungen, die man leicht selbst züchten kann.

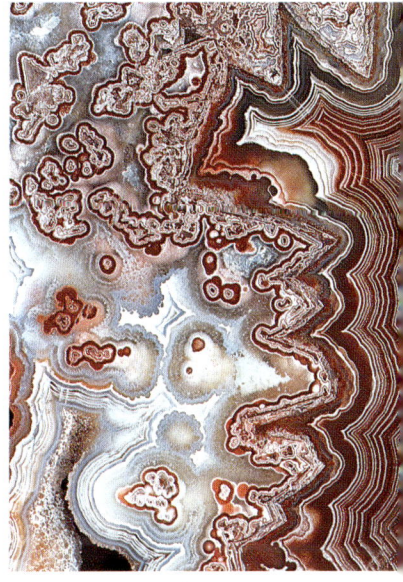

Nacheinander auskristallisierte Minerale bilden den Achat.

Einzelkristalle bestechen durch ihre exakte Raumgestalt.

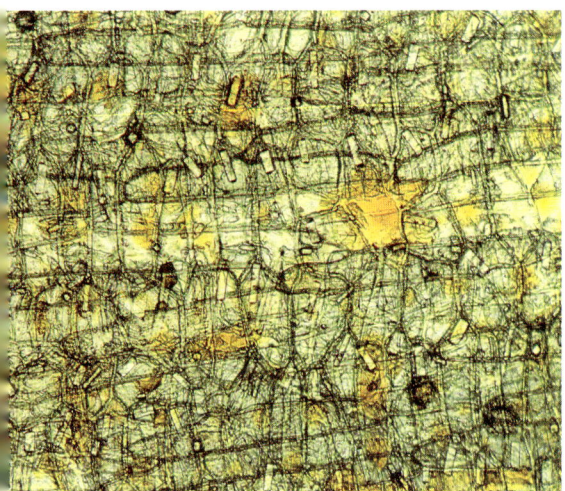
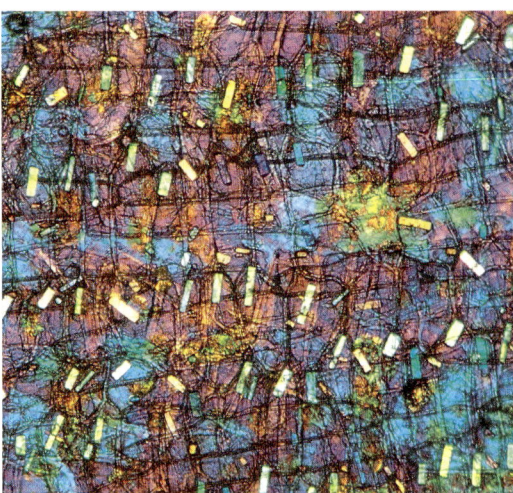

Kristalle in den Zellen der braunen Schale einer Küchenzwiebel im Hellfeld (links) und im polarisierten Licht (rechts)

IN GANZ ANDEREM LICHT BETRACHTET

Eine Sonnenbrille zeichnet die gleißende Sommer- oder Schneelandschaft nicht in düsteren Weltuntergangsfarben. Sie dämpft zwar die Lichtintensität, stärkt jedoch auch die Kontraste und macht das Bild damit für den Betrachter griffiger. Ihre Gläser sortieren die Wellen des Sonnenlichtes nämlich nicht nach der Farbe, sondern nach der Schwingungsrichtung. Solche optischen Hilfsmittel nennt man Polarisations- oder kurz Polfilter. Polarisiertes Licht, das ein solches Filter verläßt, ist sozusagen eine im Gleichschritt marschierende Truppe –

seine Wellenzüge schwingen allesamt in der gleichen Ebene auf und ab.
Mit polarisierten Lichtwellen kann man gerade im Mikroskop allerhand farbenprächtige Lichtspiele anstellen. Dazu verwendet man zwei Polfilter.
Aus dem chaotischen Schwingungsdurcheinander, das die Mikroskopleuchte in den Strahlengang entläßt, sortiert das untere Polfilter (= Polarisator) alle Wellenzüge aus, die in einer anderen als seiner speziellen Durchlaßrichtung schwingen. Trifft das so polarisierte Licht auf seinem Weg durch das Mikroskop auf ein zweites Polfilter (= Analysator), kann es folglich nur dann unge-

hindert passieren, wenn dessen Durchlaßrichtung dieselbe ist wie die des Polarisators. Bilden die Durchlaßrichtungen aber zueinander einen rechten Winkel (= gekreuzte Filterstellung), ist der Lichtweg gesperrt. Bei exakter Kreuzung der Polfilter bleibt das Gesichtsfeld daher völlig dunkel – und dies ist genau die richtige Filterposition für Beobachtungen mit polarisiertem Licht.

Doppelt gebrochen
Im Jahre 1669 entdeckte Erasmus Bartholin an Kalkspatkristallen die Doppelbrechung. Erst viel später lieferte die Wellenoptik die Erklärung für diese eigenartige Erscheinung. Der Kri-

stall zerlegt das eindringende Sonnenlicht in linear polarisierte Wellenzüge. Tritt das Licht wieder aus dem Kristall heraus, schwingt es nur noch in zwei möglichen Ebenen, die senkrecht aufeinander stehen. Sendet man aber, wie im Polarisationsmikroskop, linear polarisiertes Licht durch ein doppelbrechendes Objekt, verändert das Licht seine ursprüngliche Schwingung und wird auf die beiden zugelassenen Schwingungsrichtungen verteilt, die das doppelbrechende Objekt erlaubt. Dabei dreht sich die vom Polarisator vorgegebene Polarisationsrichtung des Beobachtungslichtes um einen bestimmten Winkelbetrag. Das Licht kann somit den nachfolgenden Analysator um so besser passieren, je ähnlicher seine Schwingungsrichtung der Durchlaßrichtung des Analysators ist.

Mikroskopisches Feuerwerk

Weitere Wechselwirkungen der Lichtstrahlen (Interferenz) rufen die knallbunten Farben hervor, in denen das Objekt nunmehr erscheint – ähnlich wie bei der irisierenden Oberfläche von Öl auf Wasser. Diesen Effekt kann man mit einer sogenannten Verzögerungsfolie verstärken – etwa mit Klebeband oder Cellophanfolie. Drehen des Polarisators oder des Analysators entzündet in den betrachteten Objekten ein überraschendes Feuerwerk.

Die Polarisationsmikroskopie ist heute ein unentbehrliches und viel benutztes Standardverfahren, z.B. in der Werkstoffprüfung oder der Mineralogie. Aber auch die Biologie kann die faszinierenden Eindrücke der polarisationsoptischen Lichtspiele nutzen. Besonders geeignet sind Objekte, die aus Packungen großer, in einer bestimmten Richtung orientierter Moleküle aufgebaut sind. Solche Schichten wirken wie ein doppelbrechendes optisches Gitter. Gut geeignet sind z.B. Horn, Haut und Haare, auch organische Hartsubstanzen wie Knochen oder Zähne (nach Schliff) und die Kristalldepots in Pflanzenzellen. Außerdem läßt polarisiertes Licht die verdickten Zellwände aufleuchten.

Kristallines Vitamin C ist doppelbrechend.

EINFACH NACHRÜSTEN

Die Nachrüstung eines normalen Lichtmikroskops für polarisationsoptische Beobachtungen ist einfach. Man benötigt zwei Filter aus linearpolarisierendem Material, die man aus einer Folie (aus dem Fotofachhandel) in Form zweier Scheiben mit etwa 15–20 mm Durchmesser zuschneidet. Ein Filter kommt als Polarisator zwischen Objekt und Lichtquelle in den Strahlengang des Mikroskops (unterhalb des Kondensors), das zweite legt man als Analysator im Okular auf die Sehfeldblende. Durch Drehen des Polarisators stellt man den Hintergrund dunkel und untersucht auf Doppelbrechung.

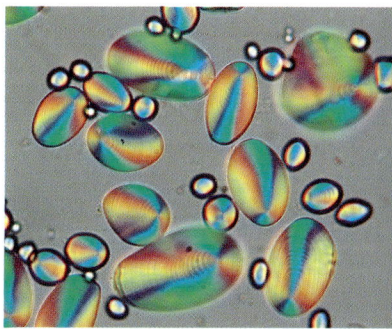

Stärkekörner der Kartoffel im polarisierten Licht

Auf den fixierenden Blick eines Rauhfußkauzes reagieren Beutetiere mit panischer Flucht.

AUFREGENDE AUGENBLICKE

Räuber-Beute-Affären laufen nicht immer nach der Ereignisfolge Erkennen – Verfolgen – Zupacken ab. Mit farblichen und gestaltlichen Mitteln und außerdem sehr wirksam unterstützt durch ein entsprechendes Verhalten, versuchen vor allem Kleintiere, dem Scharfsinn ihrer Feinde zu entgehen. Mimese bedeutet die trickreiche Nachahmung von Farben, Mustern oder Gestalten, der immer ein Täuschungsmanöver zugrunde liegt. Die Abgrenzung zur bloßen Tarnung ist allerdings schwierig.

Bei genauerer Betrachtung bestehen zwischen Tarnen und Täuschen kaum Unterschiede, denn es geht in beiden Fällen um eine gezielte Signalfälschung zur Ablenkung des Signalempfängers. Ob nun ein Schmetterling in seiner ausgeprägten Tarnfarbigkeit aussieht wie ein Stück flechtenbewachsener Baumrinde oder die grüne Heuschrecke im Blattgewirr nicht weiter auffällt – der Verfolger und Betrachter erkennt das vor ihm liegende oder sitzende Lebewesen einfach nicht als einladendes Beuteobjekt.

Mimese ist dagegen immer Tarnung – der Versuch des optischen Verschmelzens mit bestimmten Umgebungsstrukturen im Lebensraum. In fast allen Ökosystemen setzen Tiere ausgesprochen trickreich die Mittel der tarnenden Travestie ein. Selbst im Lupenbereich finden sich viele Beispiele – von der grasgrünen Blattlaus auf dem Kopfsalat bis zur Miniraupe im Nadelstreifenlook auf dem Fichtenzweig.

Mehr scheinen als sein

Während alle Tiere mit Mimese ein Signalgefüge tarnender, auf Verwechslung angelegter Unauffälligkeit einsetzen, legen es die Arten mit Mimikry genau auf das Gegenteil an. Bei Mimikry erwartet der Signalfälscher vom Signalempfänger jedoch eine kalkulierbare Reaktion – oft Abwendung oder panische Flucht. Gerade die Schmetterlinge sind ausgesprochene Täuschungstalente und Signalfälscher. Manche verwenden als abschreckendes Vorbild das Gesicht eines beutegreifenden Wirbeltieres, genauer gesagt das bedrohlich starrende Augenpaar vom Typ Eule oder Katze. Die nicht näher verwandten Pfauenaugen-Arten zeigen dieses Täuschungsmanöver in Perfektion. Der eben noch weitge-

Die Hinterflügel des Abendpfauenauges tragen ein „Eulengesicht" und schlagen Angreifer so in die Flucht.

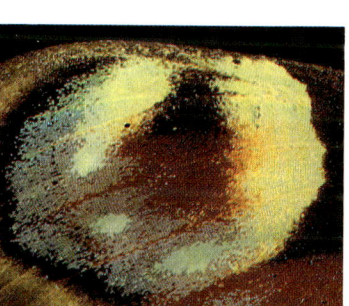

Feinste Schuppen bilden das „Auge" des Tagpfauenauges.

Konturgenau ist das „Make-up" des Nachtpfauenauges.

hend unscheinbare Falter klappt seine Flügel herunter oder rückt sie ein wenig zurecht und starrt den Angreifer als gefährlich erscheinender Räuber an. Erstaunlich ist, wie uns das Lupenbild eines Falterflügels zeigt, der perfekte Detailreichtum der dabei verwendeten Augen-Make-ups: Die dunkle Wimpernumrandung fehlt ebensowenig wie die farbig aufleuchtende Iris, die weit geöffnete Pupille oder die Glanzpunkte des widerspiegelnden Lichtes – genau der Stoff für aufregende Augenblicke, die man ganz leicht unter der Lupe nacherleben kann.

TIP: Auf dem Dachboden finden sich fast immer Tagpfauenaugen, die den Winter nicht überlebt haben. Vielleicht liefert auch der Garten den Rest einer Singvogelmahlzeit. Bei kleinerer Vergrößerung zeigt die Lupe auf den Flügelecken vollständige Augenzeichnungen. Erst die stärkere Vergrößerung im Mikroskop löst sie in einzelne, unterschiedlich gefärbte Schuppenfolgen auf. Rechte und linke Augen verhalten sich exakt spiegelbildlich. Wie die Entwicklung diese Muster steuert, ist immer noch ein großes Geheimnis.

Das junge Brennesselblatt ist eine mit Giftspritzen bewehrte Festung.

Ältere Brennesselblätter tragen deutlich weniger Brennhaare.

ALLERHAND HAARIGE ANGELEGENHEITEN

Nicht nur Streicheltiere mit handschmeichlerisch schmiegsamem Fell tragen ein dichtes Haarkleid. Auch Pflanzenteile können ziemlich pelzig geraten. Bei windverbreiteten Samen und Früchten sind lange Seidenhaare ein wichtiger Bestandteil der Aerodynamik und damit der Schwebefähigkeit. Viele Blätter tragen bewundernswert lange Randwimpern oder auch einen dichten Filzbelag, wenn es um Strahlungsschutz und Wassersparen geht.

Ein brennendes Problem

Mit einem speziellen Haartyp überrascht die Brennessel. Mit ihren feinen, aber hochwirksamen Sticheleien hat jeder schon einmal hautnahe Erfahrungen sammeln können. Die Brennhaare sind besondere Abwehreinrichtungen – höchst eigenartige und technisch verblüffend funktionssicher konstruierte Gebilde.

Jedes Brennhaar besteht aus einer besonders großen Zelle mit verdickter Basis und lang ausgezogener Spitze, an der seitlich ein kleines, rundliches Köpfchen ansitzt. Die kugelige Zellbasis, die in einem grünen Gewebehöcker steckt, ist sehr elastisch. Der längliche Brennhaarteil ist dagegen biegefest, und die Spitzenregion erweist sich als ausgesprochen spröde. Bei unachtsamer Berührung wird das Brennhaar „kopflos" – das spröde Haarköpfchen bricht weg und hinterläßt eine scharfkantige, ritzende Bruchstelle, die mühelos in die Haut eindringt. Dort entleert sie ihren Inhalt auf die gleiche Weise, wie Schreibpapier durch Kapillarwirkung die Tinte aus der Feder zieht. Meist wird das kopflose Brennhaar auch noch leicht umgeknickt. Dabei gerät die verdickte Zellbasis unter Druck, gibt diesen an die Brennhaarkanüle weiter und entleert den gesamten Inhalt in die aufgeritzte Haut. Die Attacke vollzieht sich sekundenschnell. Man spürt es sofort, wenn man bei der Brennessel „Anstoß erregt" hat. Augenblicklich rufen die injizierten Stoffe (unter anderem das hochwirksame Histamin) in der Haut mit Rötung, Schwellung, Erwärmung und Schmerz eine klassische Entzündungsreaktion hervor.

Nur bei nackter Haut funktioniert dieser unfreundliche Empfang. Sperlinge oder andere Finkenvögel, die an den Brennesseln herumturnen und die Samen fressen, haben damit keine Probleme. Auch die Raupen von Tagpfauenauge oder Kleinem Fuchs, die von Brennesselblattern leben, sind für die winzigen Giftspritzen unerreichbar.

Haarige Vielfalt

Pflanzenhaare sind immer Abkömmlinge von Epidermiszellen und entstehen somit auf sehr viel einfachere Weise als die Haare der Felltiere. Allerdings sind sie längst nicht so einheitlich aufgebaut. Außer simplen, wenigzelligen Borstenhaaren, die man bei der Brennnessel zwischen den Brennhaaren findet und die auch die Rauhblättrigkeit der Boretschgewächse hervorrufen, gibt es, unter anderem auch bei den dichtfilzigen Königskerzen, wunderschöne geweihartig verzweigte oder schildförmig ausgebreitete Haare wie bei Ölweide und Sanddorn (vgl. S. 26). Haare können auch, wie bei den Gräsern, verkieseln und dabei spröde werden wie Glas, oder sie können in besonderer Mission Farbe tragen wie in vielen Blüten.

Pflanzliche Haarpelze betrachtet man direkt auf Blatt und Stengel oder schabt eine kleine Probe davon auf einen Objektträger.

TIP: Pflanzenhaare präpariert man am besten im Flachschnitt – Rasierklinge oberflächenparallel ansetzen, einzelne Haare vorsichtig „wegmähen" und mit feuchtem Pinsel auf den Objektträger übertragen. So gelingt auch die Präparation der empfindlichen duftölhaltigen Drüsenhaare etwa von Storchschnabel-, Malven- oder Lippenblütengewächsen.

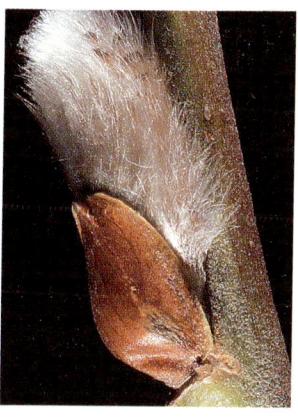

Eingehüllt in Seidenpelz – das Weidenkätzchen

Watte (im polarisierten Licht) besteht aus den einzelligen Samenhaaren der Baumwolle.

Pestwurz-Arten haben große Blätter mit tragfähigen Blattstielen.

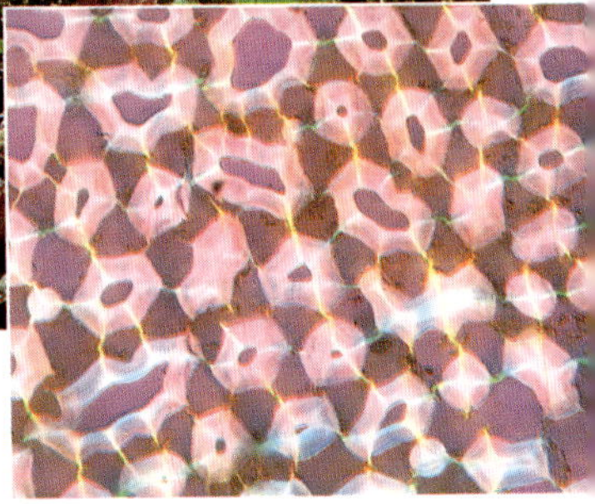

Vom Stöckchen zum Hölzchen

Noch ein paar versteckte Welten

Neugierige Blicke mit dem Mikroskop hinter Fassaden oder unter Oberflächen eröffnen ungewöhnliche Erfahrungs- und Ereignisräume, die verzaubern und faszinieren.

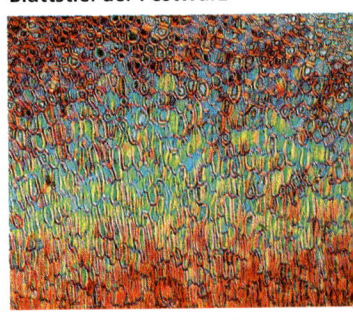

Verstärkungsgewebe im Blattstiel der Pestwurz

Haselnuß-Schalenschliff im polarisierten Licht

Das Innenleben einer Pflanze überrascht mit einfallsreichen und höchst praktischen Strukturen. Obwohl hier technische Begriffe wie Wand, Spange oder Rohr herhalten, sind das Wachstum eines neuen Hauses und eines Gewebes grundverschiedene Vorgänge. Ein lebendiger Organismus arbeitet nämlich von innen heraus, während die Bauleute vorgefertigte Teile von außen zusammenfügen. Pflanzliche Konstruktionen haben menschliche Technik dennoch angeregt.

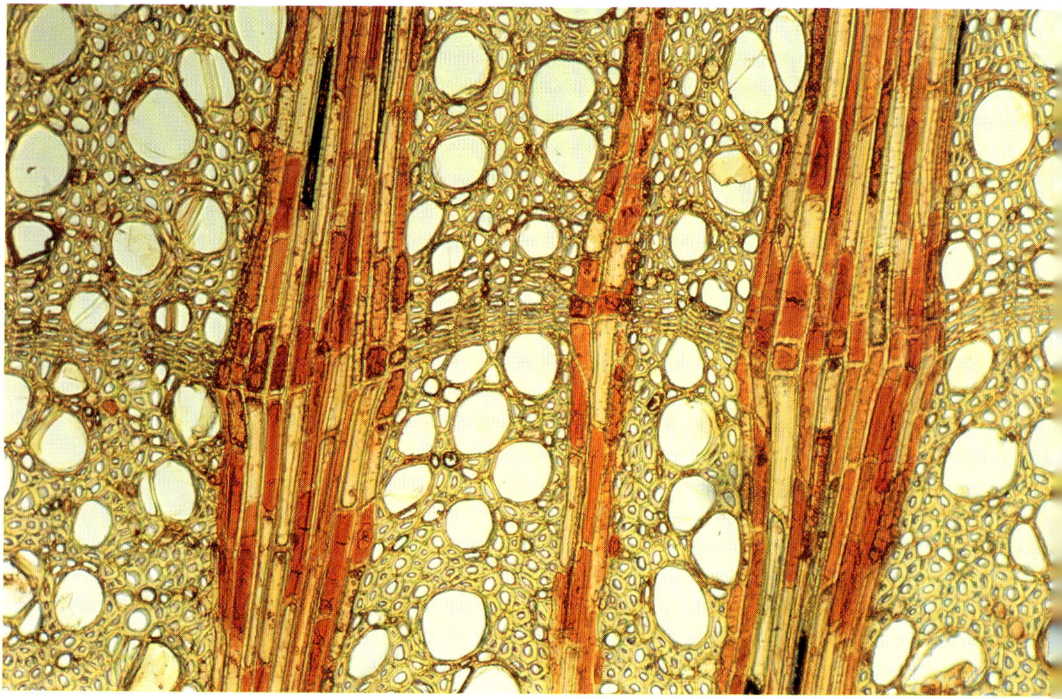

Zu jeder Grasblüte gehören drei gelbe Pollensäcke.

Ganz schön gelöchert: Querschnitt durch Platanenholz

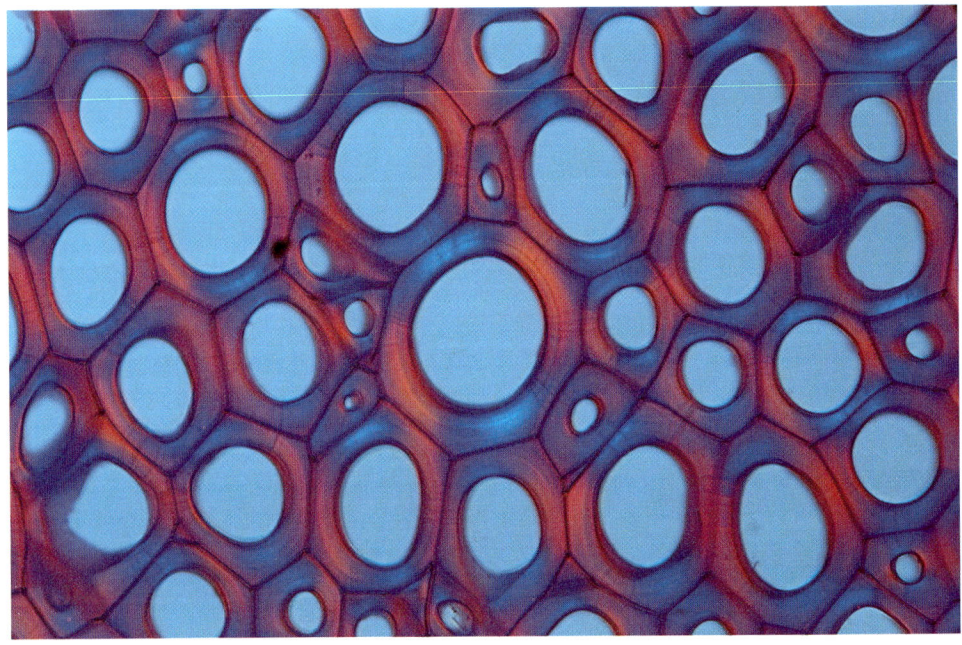

Gefärbter Schnitt durch das Verstärkungsgewebe (Kollenchym) im Stengel der Sonnenblume

LOCH AN LOCH – EINE KLEINE STIEL- KUNDE

Himmelsstürmende Architektur hat menschliche Ingenieurkunst in die Welt gesetzt – schwankende Wolkenkratzer und tragende Brückenpfeiler, schwindelerregende Fabrikschlote und gertenschlanke Fernmeldetürme. Gertenschlank? Eigentlich müßte jeder Konstrukteur erblassen, wenn er den Vergleich mit den statischen Meisterleistungen der Landpflanzen anstellt.
Teilt man die Gesamthöhe eines Bauwerks durch seinen Basisdurchmesser, erhält man den Schlankheitsgrad – er beträgt beim 211 m hohen und 11 m dicken Stuttgarter Fernsehturm, einem der ersten Bauwerke dieser Zuspitzung, etwa 19. Eine Palme besitzt dagegen den Schlankheitsgrad 60. Beim Bambus beträgt er 130, beim Zuckerrohr 200 und beim 1,5 m hohen, aber nur 3 mm dicken Roggenhalm sogar 500. Die Statik von Grashalmen oder anderen schwankenden Rohren übertrifft menschliche Technik um Größenordnungen.

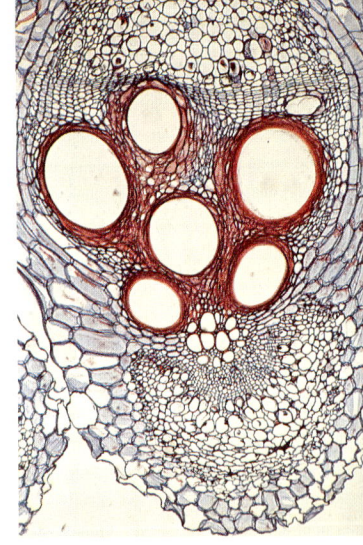

Leitbündel aus dem Kürbisstengel mit großen Gefäßen

Im Unterschied zu tierischen Geweben umgeben sich die Zellen der Pflanzen mit einer bemerkenswert stabilen Zellwand, die Druck-, Zug- und verformende Scherkräfte bis zu einem gewissen Grade „lokker wegsteckt".

Pflanzliche Festbauweise

Wo besondere mechanische Anforderungen zu erfüllen sind, kommen schichtweise verdickte Zellwände zum Einsatz. Sie bestehen überwiegend aus dem wunderbaren Werkstoff Zellulose oder der technisch nicht weniger respektablen Holzsubstanz Lignin. Sie lassen ohne weiteres zu, daß sich ein Stengel bei seitlichem Wind ausweichend zur Seite wegbiegt, danach aber unversehens in die Ausgangslage zurückkehrt.

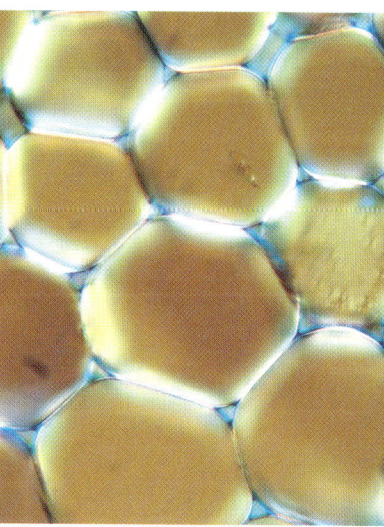

Auch unverdickte Zellwände leuchten im polarisierten Licht hell auf.

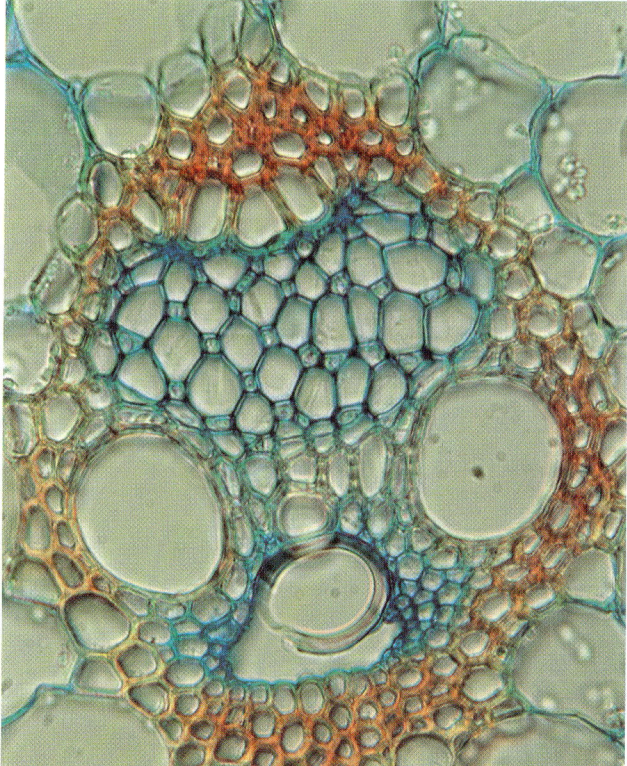

Im Mais-Leitbündel transportieren die schachbrettartig geordneten Zellen oberhalb der großen Gefäße Zucker.

Manchmal sind alle Zellen des Stengelgewebes gleichmäßig wandverstärkt. In anderen Fällen kräftigen sich nur einzelne Zellagen oder Einzelstränge. In Leitgeweben sind die wasserleitenden Gefäße immer verholzt, da sie besonderen Druckbelastungen ausgesetzt sind. Die für den Ferntransport organischer Stoffe zuständigen Siebröhren bleiben dagegen unverdickt. Oft fallen die statischen Aufgaben vor allem den Ecken zu, wie bei den Vierkantstengeln der Lippenblütengewächse, oder sie werden von vorspringenden Leisten übernommen, wie bei der Waldrebe.

HARTE SCHALE, WEICHER KERN

Bevor man den leckeren Samenkern genießen kann, gibt uns die Natur so manche harte Nuß zu knacken. Nicht alle pflanzlichen Panzerschränke sind indessen richtige Nußfrüchte. Die Walnuß ist beispielsweise eine klassische Steinfrucht – sie entspricht damit den kompakten Steinkernen von Kirsche, Pfirsich oder Pflaume. Ähnlich verhält es sich mit der Kokosnuß. Die besonders harten Paranüsse sind dagegen Kapsel-

früchte. Eine richtige Nußfrucht ist die Haselnuß, und auch die Erdnuß muß man diesem Fruchttyp zurechnen, obwohl sie zu der sonst hülsenfrüchtigen Familie der Schmetterlingsblütler gehört. Nur bei echten Nüssen ist die (äußere) Fruchtwand massiv verhärtet; bei den Steinfrüchten ist es die innere Fruchtwand und bei vielen anderen vermeintlichen Nüssen die Samenschale. Der praktische Umgang mit solchen derbwandigen Schalen läßt die Vermutung zu, daß die jeweiligen Pflanzen hier be-

sonders stabile Zellwandkonstruktionen angewandt haben.

Harter Kern

Ein mikroskopisches Bild der Sachlage ist in diesem Fall aber im Unterschied zum gut schneidbaren Holz nicht ohne weiteres zu gewinnen – der Zellverband von Kirschkern oder Kokosnuß erweist sich gegenüber Klingen und Messern als felsenfest. Demnach muß man hier zu einer anderen, nicht allzu schwierigen Präparationstechnik greifen, die allerdings ein

Die Schalen der marktüblichen Lamberts-Hasel bieten genügend flache Teilbereiche für die Schleifarbeit.

wenig Geduld erfordert: Wo die Schneide versagt, hilft das Schleifwerkzeug weiter. Nur hauchzarte Dünnschliffe von pflanzlichem Hartmaterial bieten

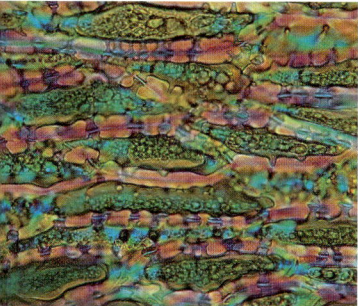

Haselnußschalen bestehen aus kompakten Steinzellen.

Auch Kirschkerne werden durch Steinzellen beißfest.

ebenso wie im Fall von Knochen- oder Zahnpräparaten die nötige Transparenz, um das Objekt und seine Strukturen zufriedenstellend zu durchschauen. Dünnschlifftechniken wendet man übrigens auch auf Gesteine an, entweder um ihre mikrokristallinen Mi-

neralbestandteile besser zu bestimmen oder um Kleinstfossilien im Profilbild darzustellen.

Die Sache auf den Kern bringen

Die mikroskopische Ansicht geschliffener Schalen überrascht mit besonderen Bildeindrücken. Das steinharte Gewebe von Frucht- oder Samengehäusen besteht aus lückenlos zusammengefügten Zellen mit bemerkenswert kräftigen Zellwänden. Manchmal hat sich der Zellinnenraum, von dem die Synthese und

Ablagerung der Wandmaterialien ausgeht, bis auf einen kleinen Rest selbst zugemauert. Schon zu Beginn der Wandaussteifung, die nach der Blütezeit im noch saftgrünen und biegeweichen Fruchtknoten beginnt, besteht die Gefahr, daß der lebende Zellinhalt die Verbindung zu den Nachbarzellen verliert und sich von allen Stoffströmen abschnürt. Um dem zu entgehen, sparen auch die dicksten Zellwände feine Kanalbereiche aus – es sind die als Tüpfelkanäle bezeichneten Tunnelröhren.

DER LETZTE SCHLIFF

Für das Lichtmikroskop geeignete Dünnschliffe stellt man mit Hilfe von handelsüblichem Naßschleifpapier der Körnungen 240, 320, 400 und 600 her. Zunächst schneidet man mit einer feinzähnigen Bügellaubsäge ein etwa 3 x 5 mm großes, möglichst wenig gewölbtes Stück aus einer Nußschale oder einem Steinkern aus. Besonders dicke Schalenstücke lassen sich mit einiger Übung auf ca. 1,5–1 mm Dicke zuschneiden. Das Objekt führt man nun mit der Fingerspitze in Kreisbahnen über gut befeuchtetes Papier der Körnung 240 bzw. 320, das einer Glasplatte aufliegt, wobei abwechselnd beide Seiten zu bearbeiten sind. Ist man bei etwa 0,5 mm Schichtdicke angelangt, wechselt man zu feinerer Körnung (400) über. Noch dünnere Schliffe legt man zwischen stärker abgenutztes Schleifpapier und einen frischen Schleifpapierstreifen, den man stramm über einen Objektträger zieht. Zwischendurch sollte man häufiger kontrollieren, ob die Schichtdicke bereits ausreicht.
Schöne Ergebnisse (im polarisierten Licht) liefern Schliffe um 1/20 mm Stärke. Anschliffe organischer Hartmaterialien bieten auch im Auflicht schöne Bildeindrücke. In diesem Fall genügt es, nur eine Seite spiegelblank anzupolieren.

DER STOFF, AUS DEM DIE BÄUME SIND

Vom Dachbalken bis zum Zahnstocher hat Holz in Gestalt zahlloser Konsumgüter Eingang in das tägliche Leben gefunden. Es gibt auch im Metall- und Plastikzeitalter kaum einen Einsatzbereich, für den Holz oder Holzprodukte nicht geeignet sind. Dabei ist nicht nur an die „tragende Rolle" von Holz im Bauwesen zu denken. Holz ist der einzige natürliche Werkstoff, der sich ohne

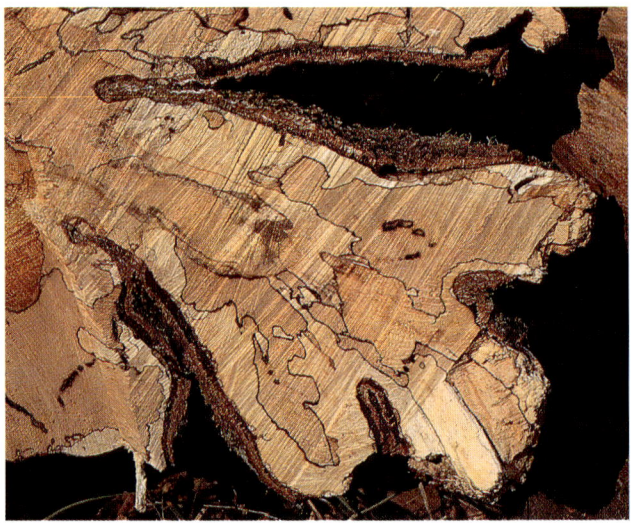

Im Stammanschnitt erkennt man die Anordnung und wechselnde Größe der Jahrringe.

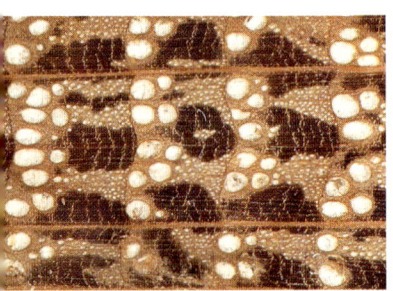

Die Jahresgrenze im Eichenholz liegt links der Gefäße.

Radiale Längsschnitte legen Markstrahlzellen frei.

allzu großen Kraftaufwand bearbeiten und dabei nahezu beliebig zurichten läßt. Holz ist eine typische Erfindung landlebender Pflanzen. Zum erstenmal trat eine Verholzung von Zellwänden mit mechanischer Versteifung von Geweben vor rund 400 Millionen Jahren bei einfachen Farnen auf. Zur Perfektion gebracht haben es die Blütenpflanzen. Zwar besitzen auch krautige Pflanzen in ihrem Leitgewebe verholzte Bestandteile, aber nur bei Sträuchern und Bäumen stellt die Holzmasse den größten Teil der Pflanze dar, der Jahrhunderte und manchmal sogar Jahrtausende überdauern kann.

Holz stützt und stabilisiert eine Pflanze so, daß sie sich aufrecht halten kann.

Die „Pipeline" im Holz

Eine weitere Aufgabe besteht darin, Wasser von den Wurzeln bis in die Blätter der Wipfelregion zu leiten – manchmal ein Weg von über 100 m Länge. Bei entwicklungsgeschichtlich einfachen Hölzern wie den Nadelbäumen übernimmt das verholzte Gewebe beide Funktionen gleichzeitig. Ihr Holz ist daher sehr einheitlich aufgebaut.

Progressivere Baumtypen trennen die Aufgaben des Tragens und Leitens. Bei den besonders fortentwickelten ringporigen Höl-

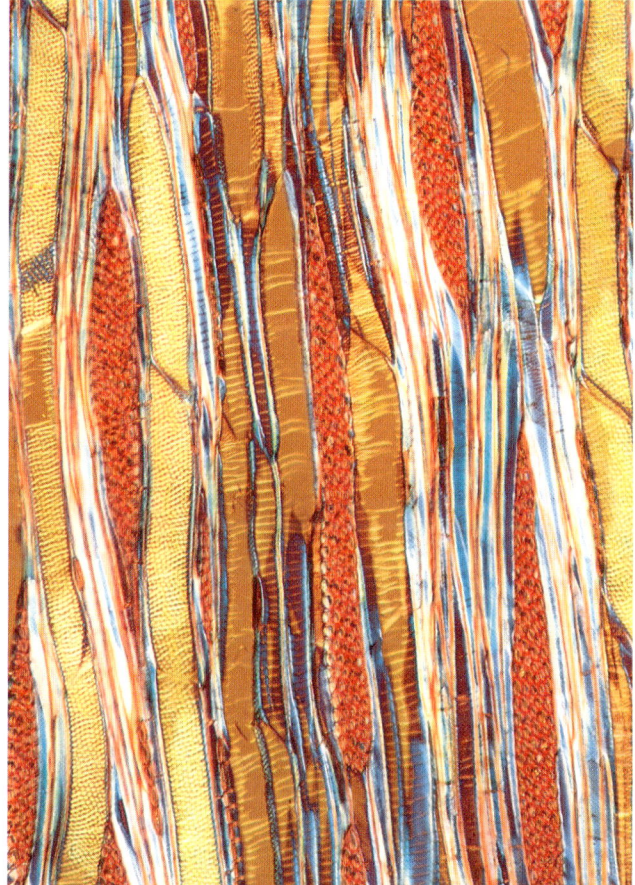

Tangentiale Querschnitte von Laubholz zeigen die großen Gefäße des Frühholzes mit Markstrahlbahnen.

Ein Baum – ein Molekül

Die Substanz, die pflanzliche Gewebe zum Holz macht, ist Lignin. Es besitzt im Unterschied zur faserigen Zellulose keine bevorzugte Raumgestalt, sondern verhält sich eher wie der Beton, den man beim Hausbau zwischen die Eisenmonierung gießt. Jeder Ligninbaustein, ein in etwa ringförmiges Molekül, ist mit seinen Nachbarn zum Teil mehrfach verknüpft, so daß die Zelle im Holzverband ringsum ein vielmaschiges Kettenhemd besitzt. Strenggenommen könnte man sogar sagen, daß der komplette Baum ein einziges riesenhaftes Ligninmakromolekül darstellt.

TIP: Holz ist im Mikroskop in drei Ansichten sehenswert – im Querschnitt und in den Längsschnitten, radial entlang der Markstrahlen, die das Zentrum mit den Außenlagen verbinden, und tangential in oberflächenparallelen Serien. Auch hier empfiehlt sich die Beobachtung im polarisierten Licht. Bei Lupenbetrachtung die Probe zuvor mit Kreidestaub einreiben, um die Lage der großen Leitgefäße besser darzustellen. Interessant sind Vergleiche mehrerer Hölzer.

zern, wie den Eichen, übernehmen sehr kleinzellige und kompakte Holzfasern die Stützfunktion, großkalibrige, fast noch mit bloßem Auge sichtbare Röhren („Poren") die Wasserleitung.

Alle Hölzer zeigen in unserem Klima jahresrhythmisches Wachstum – im Frühjahr legen sie das großlumige, dünnwandige, helle Frühholz, zum Spätsommer das kompaktere, dunklere Spätholz an. Beide zusammen ergeben einen Jahrring. Die Ringbreite schwankt witterungsabhängig von Jahr zu Jahr.

ES LIEGT WAS IN DER LUFT

Blütenstaub bzw. Pollenkörner sind eine besonders raffinierte Erfindung der höheren Pflanzen. Ihr biologischer Auftrag besteht darin, die männlichen Geschlechtszellen zu produzieren und diese zur weiblichen Eizelle im Fruchtknoten zu bringen. Einfachere Pflanzen wie die Farne oder Schachtelhalme entwickeln dazu Unmengen pulverfeiner Sporen, aus denen ein kleines, aber selbständiges Pflänzchen (Gametophyt genannt) auskeimt.

Bei den Blütenpflanzen ist dieser Teil der Entwicklung sehr stark vereinfacht – im Pollenkorn erinnern nur noch ein paar spärliche Zellen an die ursprünglich eigenständige Gametophytengeneration. Ohne Funktionseinbuße arbeitet das auf das Nötigste beschränkte Pollenkorn genauso präzise und zielsicher wie ein größerer, vielzelliger Gametophyt.

Versandpackung Pollenkorn

Pollenkörner sind das einzige Mittel, mit dem höhere Pflanzen auch über größere Entfernungen hinweg genetische Information austauschen. Folglich müssen die-

se „Datenträger" klein, leicht und versandfreundlich sein. Die Sammelbezeichnung Blütenstaub trägt dieser Tatsache Rechnung: Bis zu 10.000 Pollenkörner finden auf einem Stecknadelkopf Platz. Pollenkörner sind ebenso wie Farnsporen nicht einfach winzige, glatt polierte Billardkugeln. Es ist zwar richtig, daß, ebenso wie bei Brieftaschen, der Inhalt wichtiger ist als die Form,

Blaue Pollenladung: Staubgefäße des Hasenglöckchens

Pollenkorn des Löwenzahns im Rasterelektronenmikroskop

aber dennoch überraschen Pollenkörner mit einer unglaublichen Formenvielfalt.

Ihre äußere, sehr widerstandsfähige Wand ist in einer Weise verziert, gegen

aussieht. Mal sind es feine Lochmuster oder Netzwerke aus Leisten, Wülsten und Rippen. Bei anderen bilden Stifte, Schildchen, Höcker oder Spitzen ein sehr feines Ornament. Fast jede Blütenpflanzenart

Farnsporen stehen ihnen in diesem Merkmal nur wenig nach. In Anlehnung an die Farnsporen sind auch die Pollen der windblütigen Pflanzen staubtrocken, damit der Wind sie leichter davonträgt.

Lichtschutz für Höhenflüge

Wo Insekten oder andere Tiere den Transport übernehmen, sind die Pollenkörner durch Pollenkitt leicht klebrig und somit anhänglicher. Bei windblütigen Pflanzen sind sie meist gelb gefärbt – sie weisen damit für ihre Höhenflüge den nötigen Lichtschutzfaktor auf. Pollen tierblütiger Pflanzen verwenden dagegen die gesamte Farbpalette.

TIP: Farnsporen und Blütenpollen besorgt man sich an den Produktionsorten Farnwedel und Staubblatt. Sehr ergiebig sind feine Staubbeläge im Haus oder Honige verschiedener Herkunft. Ein interessantes Objekt sind auch Pilzsporen: Pilzhut abtrennen und über Nacht zugluftfrei mit der Lamellenseite auf trockenes Papier (bzw. einen Objektträger) legen. Sporen können manchmal Stärke enthalten – mit verdünnter Jodtinktur anfärben!

Sporenbehälter in runden Häufchen (Tüpfelfarn, kleines Bild) oder schmalen Streifen (Adlerfarn)

die so manches hochgotische Maßwerk wie stümperhafte Lehrlingsarbeit

kann man an Form, Größe und Verzierungen ihrer Pollenkörner bestimmen.

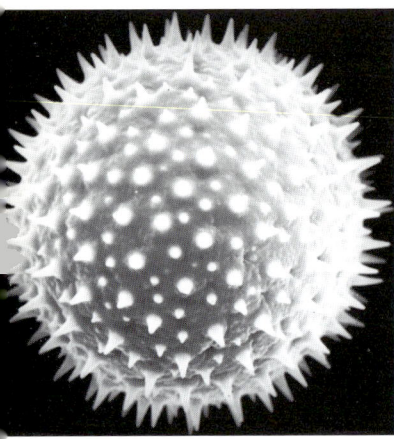

Zackig wie ein Morgenstern: Pollenkorn der Weg-Malve

Unerkannte Schönheit

Verborgene Harmonie natürlicher Formen

Mikroskope verbessern unsere natürliche Sehkraft. Häufig entführen sie auch in faszinierende Zauberreiche.

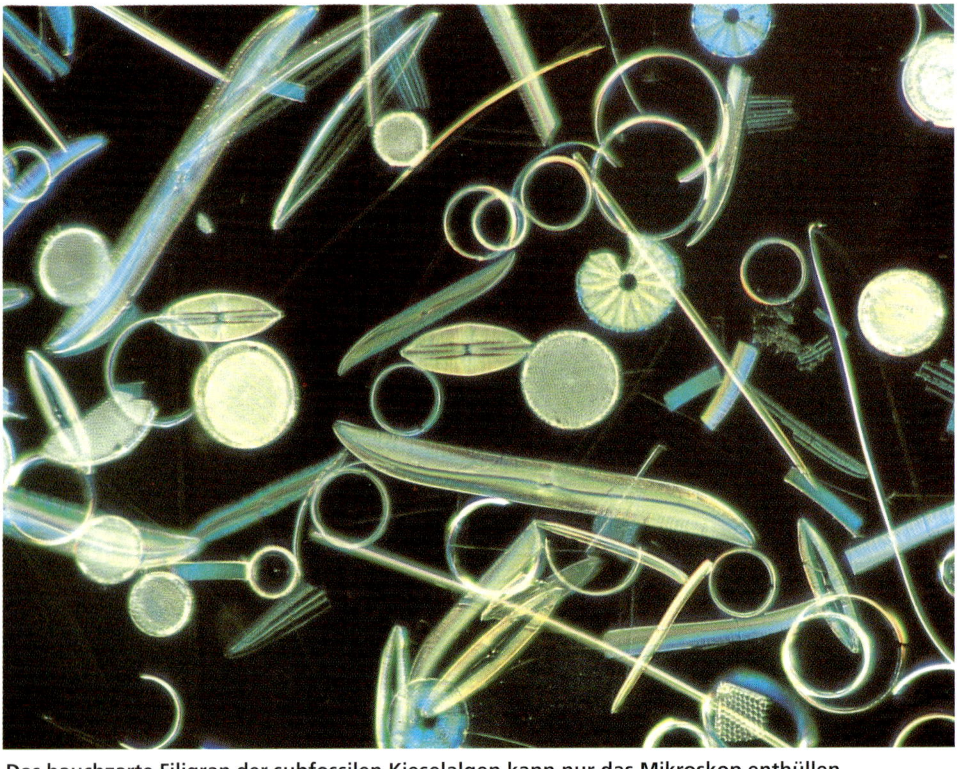

Das hauchzarte Filigran der subfossilen Kieselalgen kann nur das Mikroskop enthüllen.

Mit Mikroskopen erkunden wir Formen und Strukturen, die uns sonst verborgen blieben. Außer Information liefert ein gelungenes Präparat unerwartete Ästhetik. Warum gibt es so bestrickende Schönheit in Bereichen, in die unser Auge normalerweise nicht vordringen kann? Wieso finden wir weit oberhalb der Leistungsgrenzen unserer Augen eine so faszinierend harmonische Ordnung, die für unsere Anschauung nicht geschaffen ist? Viele Fragen sind noch unbeantwortet.

In der Petrischale wuchs zufällig diese schöne Kolonie von Mikroorganismen.

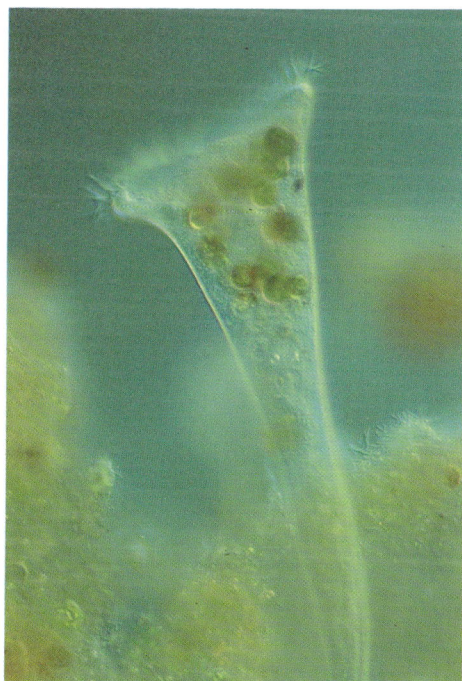

Trompentierchen *Stentor* aus dem Gartenteich

Kolonie des Glockentierchens *Carchesium*

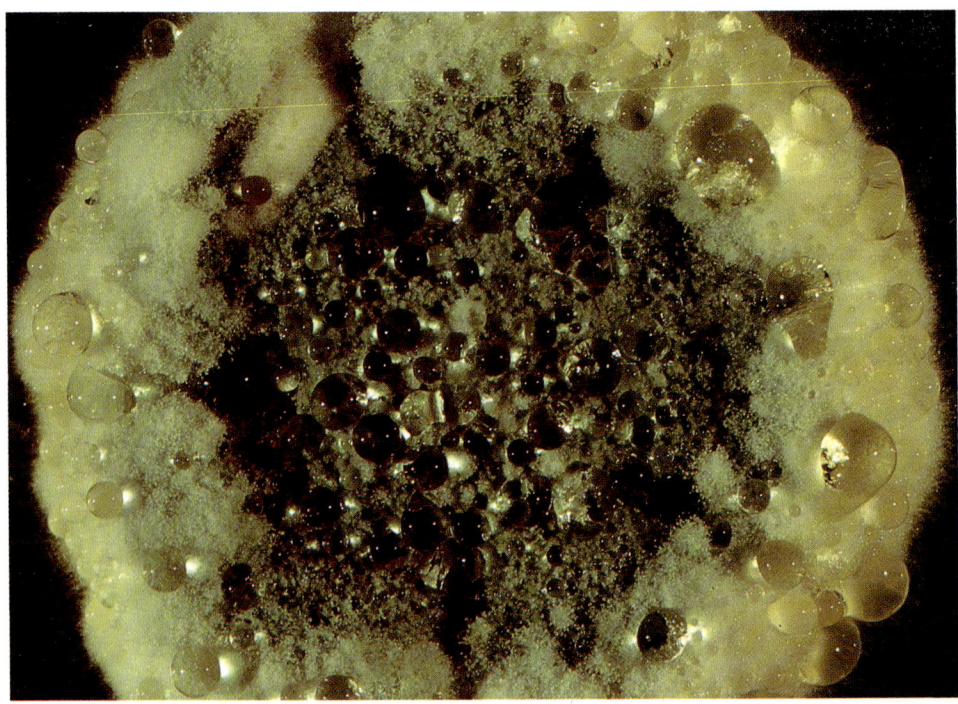

Der Schimmelpilz *Aspergillus* breitet sich auf einem Nährboden in der Petrischale aus. Die Wassertropfen stammen aus dem Stoffwechsel des Pilzes.

EIN GANZ FAULER ZAUBER

Wenn Marmelade im Glas auf dem Frühstückstisch zu lange offen steht, frisches Obst eine Weile herumliegt oder eine Scheibe Brot in der Tüte vergessen wird, verderben sie. Sichtbares Zeichen ihres stillen Niedergangs sind Schimmelpilze – weißliche oder häufiger auch graugrüne Überzüge, die als winzige punktförmige Kolonien starten und gleichsam über Nacht ihre neue Domäne flächendeckend vereinnahmen. Da die so attackierten Lebensmittel nicht mehr appetitlich aussehen, ihren Geschmack verändern und mitunter durch den Pilzbefall auch giftig werden, kommen sie zum Abfall. Hier setzen die Schimmelpilze ihre Zersetzungstätigkeit munter fort.

Müllabfuhr in der Natur

Was zunächst wie schlimme Heimtücke aussieht und die Haltbarkeit von Lebensmitteln (besonders in feuchtwarmen Ländern) einschränkt, ist eigentlich ein sinnvoller natürlicher Ablauf: Mit Hilfe von Pilzen entledigt sich die Natur toter organischer Materialien, um deren Bestandteile erneut den natürlichen Stoffkreisläufen zuzuführen. Bedauerlicherweise unterscheiden die Pilze nicht zwischen dringend benötigten leckeren Lebensmitteln und weniger brauchbaren Abfällen. Sie bauen unterschiedslos (fast) alles ab.

Schimmelpilze sind jedoch nicht nur wahllos zerstörende Gesellen, sondern auch recht hilfreiche Organismen. Manche Arten stellen z.B. die so unentbehrlich gewordenen Antibiotika her. Andere sind gerade wegen ihrer Geschmacksbeeinflussung sehr gefragt und werden bestimmten

Die Rinde der Weichkäse und die Nester der Blauschimmelkäse sind am besten geeignet, den Aufbau der Schimmelpilze kennenzulernen. Die Pilzhyphen lassen sich mit dem Farbstoff Methylenblau (Tinte) anfärben. Dazu verwendet man eine mit Wasser (etwa 1:1) verdünnte Lösung.

VORSICHT: Massiv verschimmelte Proben sollte man lieber nicht untersuchen, weil man sich dann mit Sporen infizieren kann. Diesem Schicksal erlagen etliche Archäologen, nachdem sie unbedacht die Gräber (verschimmelter) Pharaonen geöffnet hatten ...

Auf Nährböden wachsen Kolonien bunter Hefen und Bakterien.

Lebensmitteln gezielt zugesetzt – beispielsweise vielen Weichkäsesorten, die die Bezeichnung Edelpilzkäse führen. Die weißliche Rinde von Camembert, Brie oder anderen Sorten entsteht durch den Schimmelpilz *Penicillium camemberti*. Die blaugrünen Nester in Roquefort oder anderem Blauschimmelkäse sind Kolonien von *Penicillium roquefortii*. Auch Hartkäse wie Tilsiter oder Emmentaler entstehen unter Mitwirkung hefeähnlicher Mikropilze.

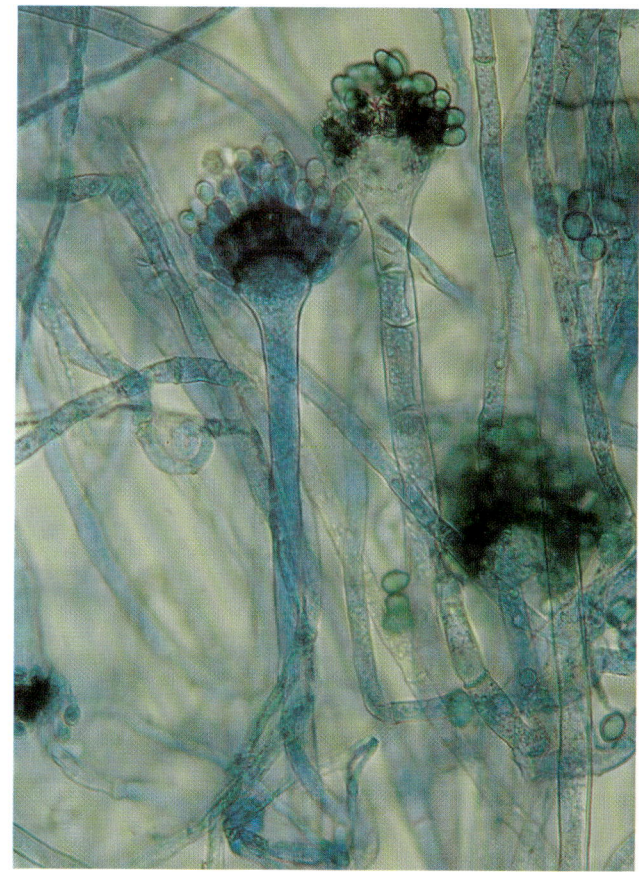

Sporenträger der Käse-Schimmelpilze (Färbung mit Methylenblau)

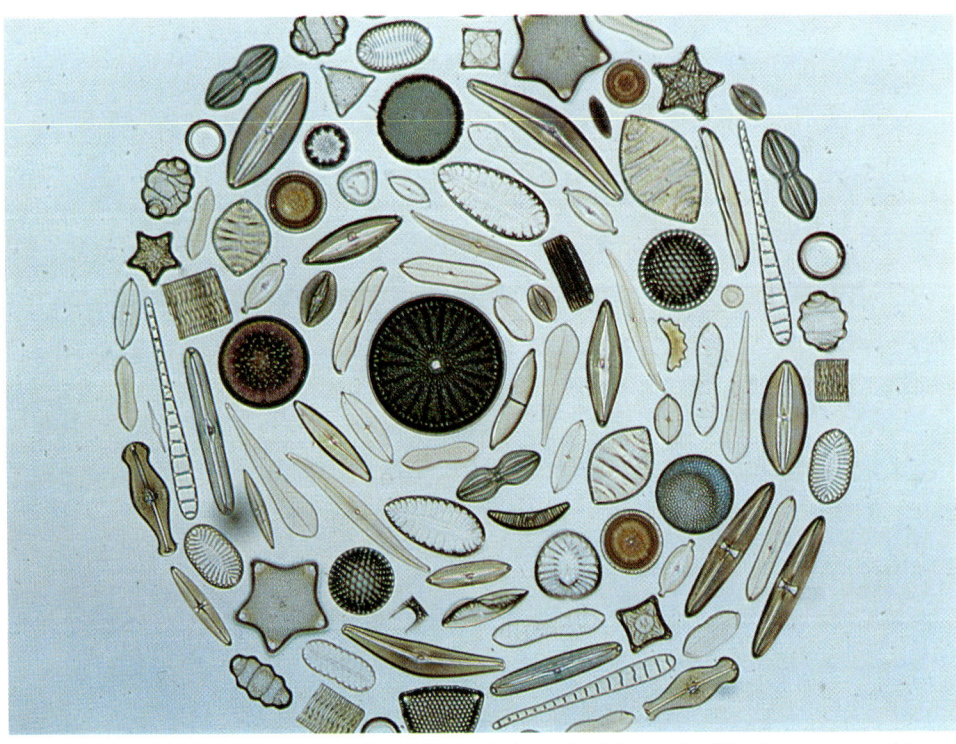

Mit großer Geduld haben Mikroskopiker früherer Zeiten die Schalen der Kieselalgen zu exakten Mustern gelegt.

ZELLEN, DIE IM GLASHAUS SITZEN

Seit rund hundert Jahren arbeiten die Gewässerbiologen mit dem Begriff Plankton. Sie meinen damit die winzigen Kleinlebewesen im Treibgut der Ozeane und Binnengewässer, die unser Auge allenfalls als winzigste Lichtpünktchen oder in der Summe als Trübung einer Wasserprobe wahrnimmt. Tierische Organismen sind ebenso Bestandteil des Planktons wie ein- oder wenigzellige Algen. Einzelligkeit schließt indessen Variantenreichtum und Typenvielfalt nicht aus. Eines der überzeugendsten Beispiele sind die in allen wäßrigen Lebensräumen vorkommenden Diatomeen oder Kieselalgen. Sachlich-distanziert vermerkt das Lehrbuch über sie, daß ihr gemeinsames Merkmal eine zweiteilige Zellwand aus amorpher Kieselsäure ist. Aber welch ungeheuren Formenzauber verschweigt der Text damit! Annähernd 20.000 verschiedene Arten und umweltbedingte Formen hat man bisher unterschieden und beschrieben – von den vielen tausend fossilen Diatomeen einmal ganz abgesehen. Jede für sich ist ein faszinierendes Unikat. Kieselalgen sammelt man mit dem Planktonnetz, streift den Belag von Steinen und Pflanzen im Teich ab oder untersucht Bodenproben.

Bauprinzip Käseschachtel

Eine Diatomeenschale läßt sich modellgetreu als mikroskopisch kleine Petrischale oder Weichkäseschachtel verstehen – ein Deckel (Epitheka) greift über ein Bodenteil (Hypotheka) und umschließt damit einen geometrisch klar festgelegten Binnenraum. Der lebende Zellinhalt mit Plasma, Kern und weiteren Bestandteilen hält sich innerhalb der gläsernen Konstruktion dort auf, wo in der Petrischale der Nährboden und in der Käsekiste der Camembert sitzt. Schachtelinge hat der berühmte Ernst Haeckel im letzten Jahrhundert die Diatomeen genannt und damit ihren Bauplan sehr treffend umschrieben. Der neuere Ausdruck Kieselalgen ist dagegen eher werkstoffkundlich ausgerichtet.

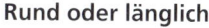

Im Dunkelfeld wirken die feinen Lochmuster der Kieselschalen wie Mikroprismen und zeigen deshalb Farbe.

Rund oder länglich

Annähernd kreisrunde Diatomeen vom Zuschnitt einer Petrischale bilden einen eigenen Verwandtschaftskreis und sind vor allem im Meer vertreten. Die zweiseitig symmetrischen Schalentypen sind untereinander ebenfalls näher verwandt. Bei ihnen gibt es Formen wie Schiffsrümpfe, Geigenkästen oder modische Damenhandtaschen, dazu auch Lorbeerblätter, Windmühlenflügel, Ruderkellen und Sofakissen. Bei manchen Arten sind die Schalenhälften nadelförmig auseinandergezogen wie die Hülsen eines Fieberthermometers.

Deckel und Boden der Kieselschalen sind übrigens nicht einfach glattwandig wie ein Schaufenster, sondern von einem unendlich feinen Muster aus Schlitzen, Löchern und Poren durchbrochen – eine noch viel zartere Verzierung.

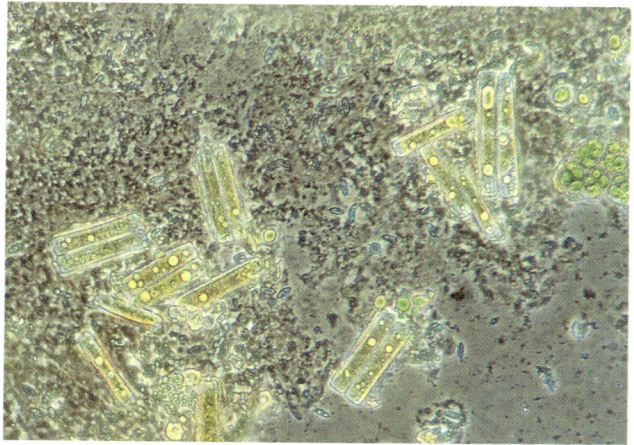

Ein wichtiger Lebensraum von Diatomeen ist der Boden. Sie kommen auch in Blumenerde vor.

Jedes noch so kleine Gewässer ist ein reichhaltiger Lebensraum, in dem sich jeder Wassertropfen als berstender Zoo von Einzellern entpuppt.

WIMMELWELTEN
UNTER WASSER

Der Lebensraum Wasser ist offenbar eine besondere Domäne der Einzeller. Das überraschend reichhaltige und erst seit den geduldigen Beobachtungen des Delfter Tuchhändlers Antoni van Leeuwenhoek bekannte Leben im Wassertropfen hat die Mikroskopi-

ker schon immer besonders fasziniert. Gleich, ob wir diesen Tropfen aus einem kleinen Gartenteich oder Parkweiher, aus einer Pfütze in der Regenrinne oder aus dem abgestandenen Wasser einer Blumenvase schöpfen, skurrile Gestalten begegnen uns überall – Lebewesen, wie sie phantasievoller und ausgefallener nicht einmal der

Maler Hieronymus Bosch hätte erfinden können. Durchsichtige Wesen, die keinen Schatten werfen, huschen durch das Wasser, aber auch kräftig grüne oder anders gefärbte Kugeln, Ketten, Keulen, Sicheln, Stäbchen oder Sternchen und dazu noch jede Menge Formen, für die unsere Alltagssprache gar keine passende Gestaltbeschreibung anbieten kann. Aber nicht nur ihr Aussehen ist äußerst vielfältig, auch ihre Abmessungen überspannen mehrere Größenordnungen. Sie beginnen bei jenen winzigen Formen, die man als Picoplankton bezeichnet und die weniger als einen tausendstel Millimeter messen. Mehrere hundert dieser Lebewesen könnte man allein auf einem I-Punkt dieser Buchseite unterbringen. Andere gehören der Größenklasse zwischen 0,01 und 0,1 mm an, und nur ausnahmsweise erreichen Einzeller eine Gesamtlänge bis etwa 0,5 mm, womit sie bereits so groß sind, daß das bloße Auge sie als unruhige Lichtpünktchen im Wassertropfen erkennen kann.

TIP: Eines der wichtigsten Hilfsmittel für die Untersuchung von Wasserproben aus Tümpeln, Teichen oder Weihern ist ein feinmaschiges Planktonnetz. Am spitz zulaufenden Ende sitzt ein abnehmbares Gefäß, in dem sich die Beute eines jeden Fangzugs ansammelt. Das Fanggut transportiert man in Schraubdeckelgläsern nach Hause. Im Aquarium lassen sich Proben manchmal weiterkultivieren.

Freischwimmer und Schweber

Wolkenweise bevölkern die verschiedenen Einzeller den Freiwasserraum der Teiche, Seen und auch der Weltmeere – von der Gewasseroberfläche bis hinunter in die Dämmerungszone der tieferen Wasserschichten. Manche sind nicht auf eine bestimmte Wasserschicht beschränkt, sondern halten sich tagsüber in anderen Horizonten auf als während der Dunkelheit. Nur die einzelligen Algen, die Licht für ihre Photosynthese benötigen, wären verloren, würden sie in das Dauerdunkel der Tiefe hinabsinken. Um in gewissem Umfang im freien Wasser beweglich zu sein, genügt es nicht, einfach nur zu schweben und sich mit Strömungen forttreiben zu lassen. Viele Einzeller haben daher besondere Fortbewegungseinrichtungen entwickelt, mit denen sie im Wasser erstaunlich rasch vorankommen. Manche führen eine oder mehrere Geißeln, die sie als Peitsche schwingen und sich davon fortreißen lassen wie von einem Propeller. Diese Gruppe, die viele unterschiedliche Verwandtschaftskreise umfaßt, nennt man zusammenfassend Flagellaten. Grüne oder bräunliche Algen ge-

Der Einzeller *Trichophrya* gehört zu den Sauginfusorien.

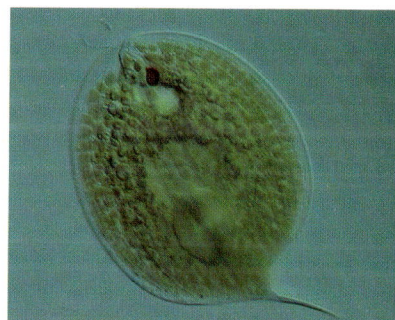

Phacus ist ein Einzeller mit Algen- und Protozoenmerkmalen.

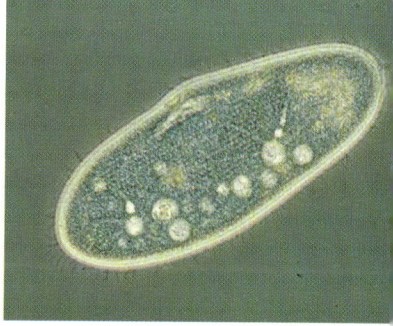

Pantoffeltier *Paramecium* – ein vielseitiges Untersuchungsobjekt

hören dazu, aber auch eine Unzahl farbloser Einzeller. Andere Winzlinge rudern mit raschen Schlägen ihres dichten Wimperkleides durch das Wasser. Die einzelnen, sehr zarten Wimpern müssen dabei komplizierte Bewegungsabläufe leisten, damit auch wirklich ein Schub zustande kommt und sie sich nicht untereinander verheddern. Im Detail ist dieses Bewegungsmuster zwar recht genau beschreibbar, aber im Zusammenspiel seiner Teil-

Zieralge *Micrasterias* – ein Star unter den grünen Einzellern

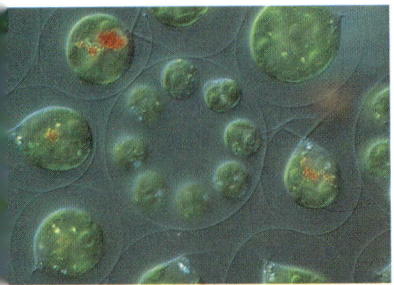

Stephanosphaera bildet Kolonien, *Haematococcus* lebt einzeln.

leistungen noch wenig verstanden. Wimpertiere oder Ciliaten nennt man die Einzeller, die sich wie diese Kleinstversion einer römischen Galeere durch das Wasser schieben. Allerdings sind sie weitaus wendiger – immerhin können sie aus voller Fahrt auf der Stelle abbremsen, scharfe Kurven steuern und auch momentan rückwärts manövrieren, wenn sie an ein Hindernis gestoßen sind. Dabei ist immer zu bedenken, daß das nach unserem Empfinden ideale Medium Wasser für so kleine Zellen eine vergleichsweise zähe Angelegenheit ist. Mit anderen Worten: Im Bereich der Hundertstelmillimeter gelten im Lebensraum Wasser andere Gesetzmäßigkeiten der Hydrodynamik als für ein Frachtschiff auf Binnengewässern.

Natürlich bevölkern nicht nur Flagellaten und Ciliaten die Freiwasserräume eines Teiches. Es finden sich auch Vertreter vieler anderer Verwandtschaftsgruppen. Aus der artenreichen Gruppe der Kleinkrebse sieht man beispielsweise dickbäuchige Wasserflöhe oder schlanke Hüpferlinge, deren Weibchen an den Körperflanken zeitweise längliche, mit kleinem Stiel befestigte Eipakete mit sich schleppen.

Verankerte und Aufsässige

Geradezu exotisch gestalten sich mikroskopische Streifzüge durch den Aufwuchs von Stengeldickichten oder Blattunterseiten der Wasserpflanzen. Was sich den bloßen Fingern allenfalls als glitschiger Belag mitteilt, ist bei genauerer Inspektion ein höchst erstaunlicher und mitreißender Kleinstlebensraum. Auch hier werden wir Ciliaten vom Typ der Pantoffel- oder Trompetentierchen finden, die in den bakterienreichen Abfallecken herumstöbern, aber gewiß auch eine größere Anzahl von Wimpertierchen, die auf zarten, gläsernen Stielen sitzen und bei Erschütterungen schlagartig zusammenzucken. Glockentierchen hat man sie genannt, obwohl sie eher an das elegante Design von Weingläsern erinnern. Bei ihnen hat der Wimperbesatz am oberen Rand der Zelle noch eine weitere wichtige Aufgabe – er dient nämlich auch dem Herbeistrudeln feinster Nahrungsteilchen.

Fließende Plasmabündel

Solch eine Aufwuchsprobe zu durchforsten, erweist sich immer als eine spannende Expedition in neue, nie zuvor gesehene Kleinwelten. In den winzigen

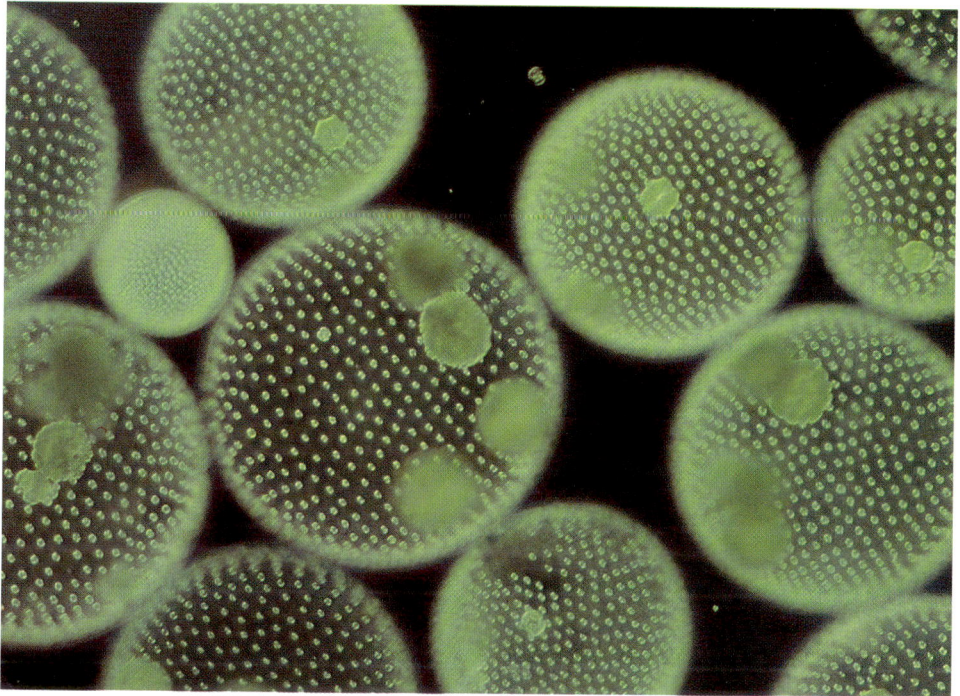

Kugelalgen der Gattung *Volvox* sind Kolonien Hunderter Einzelzellen in einer gemeinsamen Gallerte. Durch Geißelschlag bewegen sie sich rollend durch das Wasser.

Dickichten werden sich bei genauer Beobachtung auch weitere merkwürdige Gestalten zeigen – lappige Zellen etwa, die nach Molluskenmanier umherkriechen oder offensichtlich davonfließen.

Es sind Amöben, von denen etliche Arten als nackte Plasmaansammlung unterwegs sind. Andere bauen sich kunstvolle Gehäuse, beispielsweise aus leeren Diatomeenschalen. Übrigens sind auch Kieselalgen trotz ihres starren Glasgehäuses recht beweglich. Sie gleiten kriechend über ihre Unterlagen, wobei vermutlich ein Antrieb ähnlich wie bei einem Kettenfahrzeug den nötigen Vorschub leistet. Um die Geißelbewegungen der Einzeller zu verlangsamen und besser zu sehen, untersucht man sie in einem zäheren Medium, z.B. in einem Tropfen einer Lösung, die man zuvor mit Stärkesirup oder Tapetenkleister etwas angedickt hat. Man kann auch eine Hefesuspension verwenden.

TIP: Je zwei mit Gummiringen oder Klebeband aneinander befestigte Objektträger hängt man an einem größeren Korkstück oder einer Flaschenboje schwimmend in den Teich. Nach Tagen bis Wochen hat sich dichter Aufwuchs angesiedelt. Man kann auch Deckgläser auf die Wasserfläche eines Heuaufgusses oder auf gut durchfeuchtete Blumenerde legen und darauf Amöben sowie Algen ansiedeln.

NOCH GRÖSSERE AUGEN MACHEN

Schon seit einigen Jahrzehnten endet eine mikroskopische Seh-Reise nicht unbedingt an den Leistungsgrenzen des Lichtmikroskops.

Schon um 1870 untersuchte der Physiker Ernst Abbe in Jena die Gesetzmäßigkeiten in der Wirkungsweise des Mikroskopes genauer und konnte die Eigenschaften optischer Systeme sogar in mathematische Formeln kleiden. Seitdem ist bekannt, daß für die Qualität der Abbildung eines Objektes (Auflösungsvermögen) unter anderem die Wellenlänge des für die Beobachtung verwendeten Lichtes entscheidend ist. Je kleiner die Wellenlänge, um so besser kann das Lichtmikroskop Objektstrukturen bildlich in Einzelheiten zerlegen. Besonders leistungsstarke und mit mancherlei Finessen konstruierte Objektive können im kurzwelligen Bereich etwa 5000 Linien je Millimeter auflösen. Nun kann man die Wellenlänge des verwendeten Lichtes nicht beliebig klein wählen – es sei denn, man benutzt elektromagnetische Strahlung bzw. von einem Kathodenstrahl beschleunigte Elektronen. Diese können wir allerdings nicht mehr direkt als Licht wahrnehmen. Folglich muß man sie auf einem Bildschirm wieder in sichtbares Licht übersetzen – ganz ähnlich wie ein Fernsehgerät ja auch die Wellen des Senders in Bilder umwandelt.

Vergrößernde Beobachtungsinstrumente, die mit kurzwelliger Elektronenstrahlung arbeiten, nennt man Elektronenmikroskope. Sie haben in den letzten Jahrzehnten unsere Horizonte des Sehens und Erfahrens beträchtlich erweitert.

Oberflächliche Sichtweise

Unter der Lupe oder dem Stereomikroskop wird das Bild vor allem von solchen Lichtstrahlen erzeugt, die das betrachtete Objekt an seiner Oberfläche zurückwirft. Vergleichbar arbeitet das **Rasterelektronenmikroskop,** kurz REM genannt. Allerdings dienen hier zur Bilddarstellung meist nicht die zurückgestreuten Elektronen, sondern solche, die der energiereiche, das Objekt zeilenweise abtastende Primärelektronenstrahl aus der Probe gleichsam herausschlägt. Man nennt sie Sekundärelektronen. Sie liefern, da sie aus der Objektoberfläche selbst stammen, Bilddokumente von bestechender Konturschärfe und Auflösung. Objektbereiche, die besonders viele Sekundärelektronen abstrahlen, werden im Bild hell dargestellt; solche von geringerer Signalstärke erscheinen abgestuft dunkler. Dadurch erhalten REM-Bil-

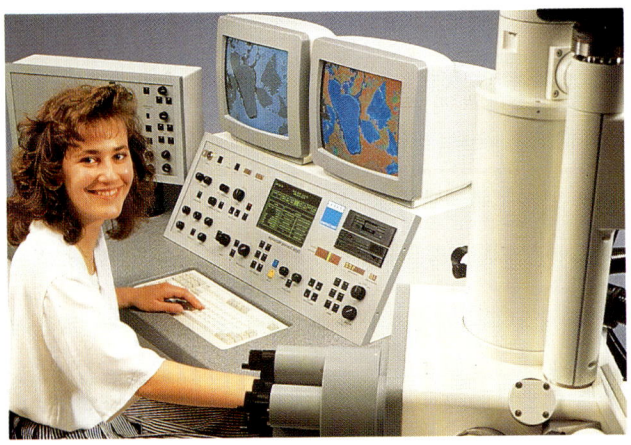

Die Bedienungsfront eines Rasterelektronenmikroskops ähnelt der im Cockpit eines Kleinflugzeuges.

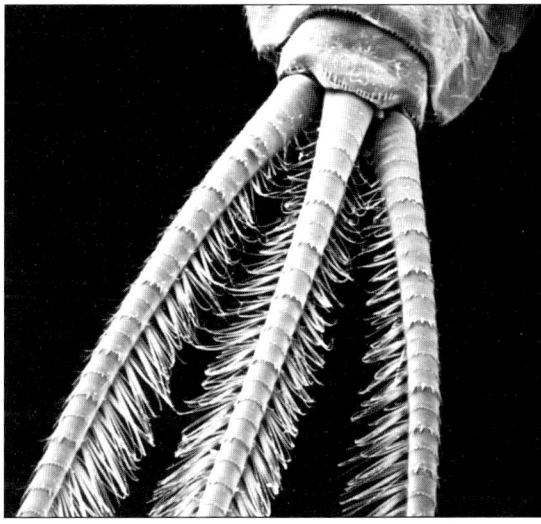

REM-Ansicht der Kieselschale der Diatomee *Stephanodiscus*

Körperanhänge mit Schwimmborstensäumen einer Larve der Eintagsfliege *Cloeon dipterum*

der im Gegensatz zu den meist nur zweidimensionalen Bildern der konventionellen Lichtmikroskopie eine besonders beeindruckende räumliche Tiefe.

Tücke des haarigen Objektes

Natürlich begeistern die gestochen scharfen Bilddokumente, die uns das Rasterelektronenmikroskop liefert. Sie sollen aber die Mikroskopiker, die mit herkömmlichen Mitteln arbeiten, gewiß nicht entmutigen. So wichtig die moderne REM-Technik vor allem in der Forschung ist, so wenig kann man auf die bewährten Verfahren der Lichtmikroskopie und

nicht einmal auf eine gewöhnliche Lupe verzichten. Die REM-Technik scheitert beispielsweise an der simplen Aufgabe, ein dicht mit Haaren besetztes Objekt zu zeigen. Mit einer Stereolupe ist das kein Problem, denn die gleichzeitig eingesetzte Präpariernadel legt auch die darunterliegende Organoberfläche ausreichend frei. Systembedingt übermittelt das Rasterelektronenmikroskop nur Formen, nicht jedoch Farben. Damit fehlt den gewonnenen Bildern ein wesentlicher Informationsgehalt. Die nachträgliche Einfärbung von REM-Bildern mag zwar ein ästhetischer Zugewinn sein, betont jedoch um so mehr die

Verfremdung, die solchen Darstellungen ohnehin anhaftet. REM-Bilder sind somit ungeheuer genau in der Auflösung von winzigen Details, erscheinen aber gleichzeitig auch ein wenig unwirklich. Ihre bestechende Schönheit besteht dennoch. Außerdem sollte man auch nicht übersehen, daß die Rasterelektronenmikroskopie ein vergleichsweise zeitaufwendiges und teures Verfahren ist. Optimierte Beobachtungsbedingungen wie helles Streiflicht von der Seite und eine gut auflösende Lupen- oder Mikroskopoptik entschädigen daher mit ihren Seherlebnissen auf jeden Fall für die Konturschärfe des REM.

AN DER GRENZE DES SEHENS

So wie es mit dem Rasterelektronenmikroskop die hochauflösende Verbesserung einer konventionellen Lupe gibt, steht auch für das Durchlichtmikroskop eine elektronische Fortentwicklung zur Verfügung: Das **Transmissionselektronenmikroskop** (TEM) schickt seinen Elektronenstrahl nicht nur auf, sondern durch die ultradünn geschnittenen Objekte. Anstelle von Glaslinsen verwendet es Magnetspulen. Der Berliner Physiker Ernst Ruska leistete bereits um 1930 die entscheidenden konstruktiven Vorarbeiten. Schon Ende 1939 war sein erstes TEM zur Serienreife entwickelt. Immerhin erreichte es eine Auflösung von 7 nm (1 Nanometer = 1 Millionstel Millimeter). Heutige Instrumente kommen sogar auf etwa 0,2 nm – das sind nur noch zwei Drittel des Durchmessers eines Goldatoms! Ernst Ruska erhielt 1986 für seine Verdienste um die Elektronenmikroskopie den Nobelpreis für Physik. Weitere Vorstöße in noch kleinere Dimensionen sind wohl nicht zu erwarten, denn bereits im atomaren Bereich gibt es eigentlich nichts mehr zu sehen. Ato-

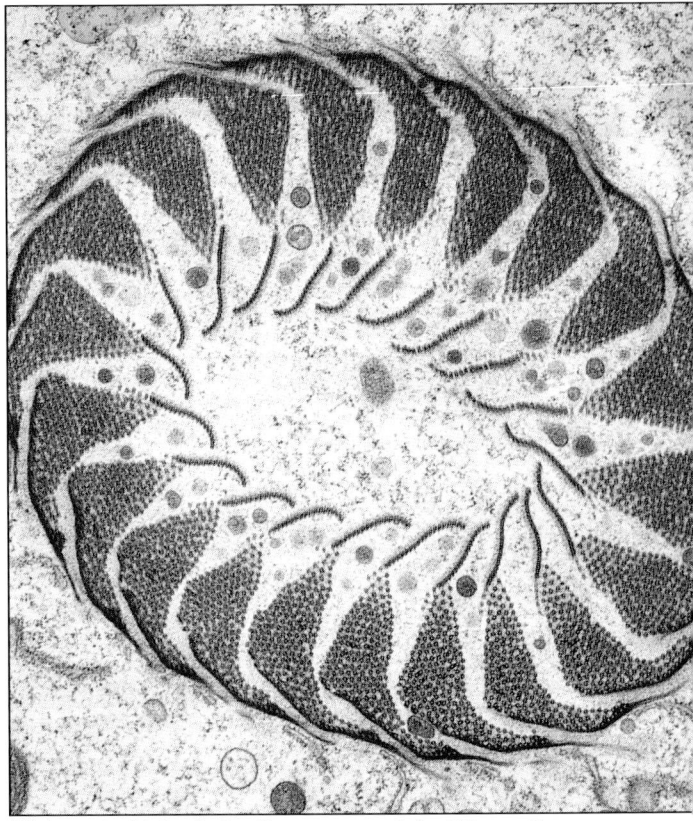

Flächenschnitt durch den Reusenapparat des Wimpertieres *Pseudomicrothorax dubius* im TEM

me und ihre Bausteine sind einfach unanschaulich. Bestenfalls kann man ihre Eigenschaften mit mathematischen Formeln wiedergeben.

Wahrnehmung in neuen Schranken

Diese Tatsache weist auf ein neues Problem hin: Erleben wir die Natur eigentlich als solche oder nur das, was unsere Sinnesorgane davon herausfiltern? Eine schwierige Frage und noch schwieriger zu beantworten, wenn der neugierige Blick in den Bereich der sehr kleinen Dimensionen vordringt und mit instrumenteller Hilfe den Aufbau natürlicher Gefüge weit oberhalb der normalen Leistungsgrenzen unserer Augen betrachtet. Denn wir treffen dort auf eine faszinierend harmonische Ordnung, die eigentlich gar nicht für die unmittelbare Anschauung geschaffen ist.

Moderne Technik erlaubt

cher ist die unerwartete Schönheit des Organischen im Mikro- und Nano-Bereich. In der Natur gibt es keine Augen, deren Seh- und Auflösungsvermögen

ner Gemäldegalerie. Wo Detail und Design, Wahrnehmung und Wirklichkeit, Phantasie und Faszination, Struktur und Schönheit nicht mehr exakt zu trennen sind, haben in erster Linie nur noch ästhetisches Empfinden und Staunen Raum. So muß die Frage unbeantwortet bleiben, warum dies alles gerade so beschaffen ist, daß es neben dem Verstand auch unser Empfinden berührt und unsere Bewunderung herausfordert.

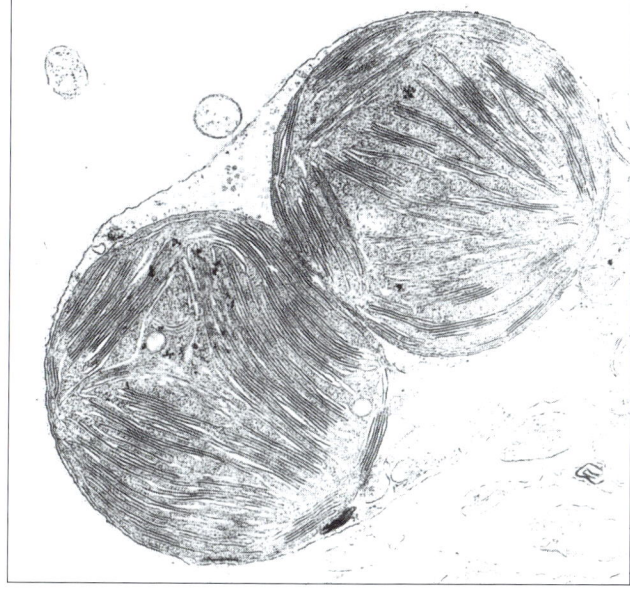

Schnittansicht der Chloroplasten aus der marinen Grünalge *Codium fragile*

die hochgradige Auflösung von Ordnungsgefügen der Materie auf den verschiedensten mikroskopischen Ebenen. Sie versetzt damit auch die natürlichen Grenzen der Erfahrungswelt um Größenordnungen. Sie läßt uns weit oberhalb der normalen Schranken des Sichtbaren ungewöhnliche Formen und Funktionen erkunden. Um so erstaunli-

ausreicht, um in diese unglaublich kleinen Räume vorzudringen.

Die besondere Faszination der Mikroskopie besteht sicherlich nicht nur darin, punktuell besonders genau hinsehen und Formen besser auflösen zu können. Oft genug gerät die mikroskopische Bilderfahrt zu einem fast unwirklichen Farbenrausch wie beim Besuch ei-

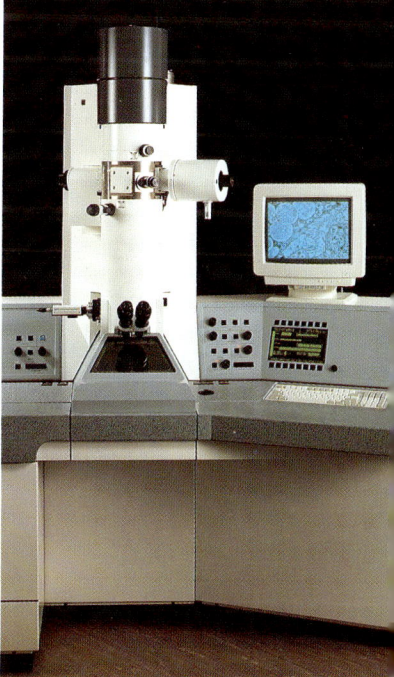

Modernes Hochleistungselektronenmikroskop

LITERATUR

Beyer, H., Riesenberg, H.: Handbuch der Mikroskopie. Verlag Technik, Berlin 1988.
Drews, R.: Mikroskopieren als Hobby. Falken, Niedernhausen 1992.
Hauck, A., Quick, P.: Strukturen des Lebens. Ein Bildatlas zur Biologie und Mikroskopie der Zelle. J.B. Metzler-Verlag, Stuttgart 1986.
Keen, M.: Das Mikroskop. Tessloff, Nürnberg 1994.
Leiendecker, U.: Das Unsichtbare sehen. Mondo-Verlag, Vevey 1994.
Nachtigall, W.: Mikroskopieren. Technik und Objekte. BLV, München 1994.
Nultsch, W., Rüffer, U.: Mikroskopisch-botanisches Praktikum. Georg Thieme, Stuttgart 1995.
Robenek, H.: Mikroskopie in Forschung und Praxis. GIT Verlag, Darmstadt 1995.

Streble, H., Krauter, D.: Das Leben im Wassertropfen. Franckh-Kosmos, Stuttgart 1988.
Ude, J., Koch, M.: Die Zelle. Atlas der Ultrastruktur. Gustav Fischer, Stuttgart 1994.
Wichard, W., Arends, W., Eisenbeis, G.: Atlas zur Biologie der Wasserinsekten. Gustav Fischer, Stuttgart 1995.

MIKROKOSMOS

Zeitschrift für Mikroskopie
Weltweit einzige Hobby- und Fachzeitschrift, die sich ausschließlich der Liebhaber- und Schulmikroskopie sowie der mikroskopischen Technik widmet. Jährlich sechs reich bebilderte Hefte mit vielen praktischen Tips. Erscheint im Gustav Fischer Verlag, Stuttgart.

BEZUGSQUELLE

KOSMOS Service, Postfach 10 60 11, D-70049 Stuttgart.

Liefert alles, was zum Mikroskopieren gehört: technisches Zubehör vom Deckglas bis zur Färbelösung und vom Planktonnetz bis zum Mikrotom.

ADRESSEN

In vielen Städten bestehen Mikroskopische Arbeitsgemeinschaften, die gerne auch Neulinge in die Kunst des Präparierens und Beobachtens einarbeiten. Adressenliste gegen Rückporto von der **Redaktion MIKROKOSMOS,** Joh.-Henk-Str. 35a, D-53343 Wachtberg.

BILDNACHWEIS

Farbfotos von H. Bellmann (S. 11 o, 15 ol, 18 Ml, 19 l, r), K. Hausmann (S. 1 M, 53 u), H. E. Laux (S. 13 u), E. Offermann (S. 29 o, u), M. Pforr (S. 5 o, M, 16 u, 33 o, 34 u, 36 o, 40), H. Reinhard (S. 16 o, 18 u, 20 l, 32, 52), H. Schneider (S. 1 r, 47 ul, ur, 53 o, M, 54 u, 55), J. Vogt (S. 4 M, u, 42 o), Werksphoto Carl Zeiss, Oberkochen (S. 56, 59 u).
Schwarzweißfotos von B. Curth (S. 44 u, 46 o), K. Hausmann (S. 58), N. Hülsmann (S. 27 o), W. Wichard (S. 57 or).
Das REM-Foto auf S. 57 or stammt aus Wichard et al.: „Atlas zur Biologie der Wasserinsekten" und wurde mit freundlicher Genehmigung des Gustav Fischer Verlages, Stuttgart, abgedruckt.
Alle übrigen Fotos stammen vom Autor.

Farbillustrationen von Johannes-Christian Rost.

Schwungfeder der Haustaube im polarisierten Licht

REGISTER

IMPRESSUM

Umschlaggestaltung von Atelier Reichert, Stuttgart.
Umschlagvorderseite: Fruchtstiel Birne, Querschnitt (Kremer)
Umschlagrückseite: Gefleckte Taubnessel, Staubbeutel (Kremer), Grünalge *Micrasterias denticulata* (Kremer)

Mit 109 Farbfotos, 7 Schwarzweißfotos und 8 Farbzeichnungen.

Die Bilder auf Seite 1 zeigen die Samen der Gemeinen Waldrebe, ein Pantoffeltierchen und einen Wasserfloh (v.l.n.r.).

Die Deutsche Bibliothek – CIP-Einheitsaufnahme

Kremer, Bruno P.:
Mikroskopieren leichtgemacht / Bruno P. Kremer. – Stuttgart : Franckh-Kosmos, 1996
    ISBN 3-440-07048-4

© 1996, Franckh-Kosmos Verlags-GmbH & Co., Stuttgart
Alle Rechte vorbehalten
ISBN 3-440-07048-4
Lektorat: Anne-Kathrin Janetzky, Walter Beck
Grundlayout: Atelier Reichert, Stuttgart
Gestaltung: Gisela Dürr, München
Satz: ad hoc! Typographie, Ostfildern
Printed in Italy/Imprimé en Italie
Druck und Buchbinder: Printer Trento S. r. l., Trento

franckh Bücher •
kosmos Videos •
CDs •
Kalender •
Seminare

zu den Themen:
• Natur • Garten und Zimmerpflanzen • - Astronomie • Heimtiere • Pferde & Reiten • Kinder- und Jugendbücher • Eisenbahn/Nutzfahrzeuge

Nähere Informationen sendet Ihnen gerne Franckh-Kosmos · Postfach 10 60 11 · 70049 Stuttgart

STECKNADELKOPF – EIN MASS FÜR KLEINE LEBEWESEN

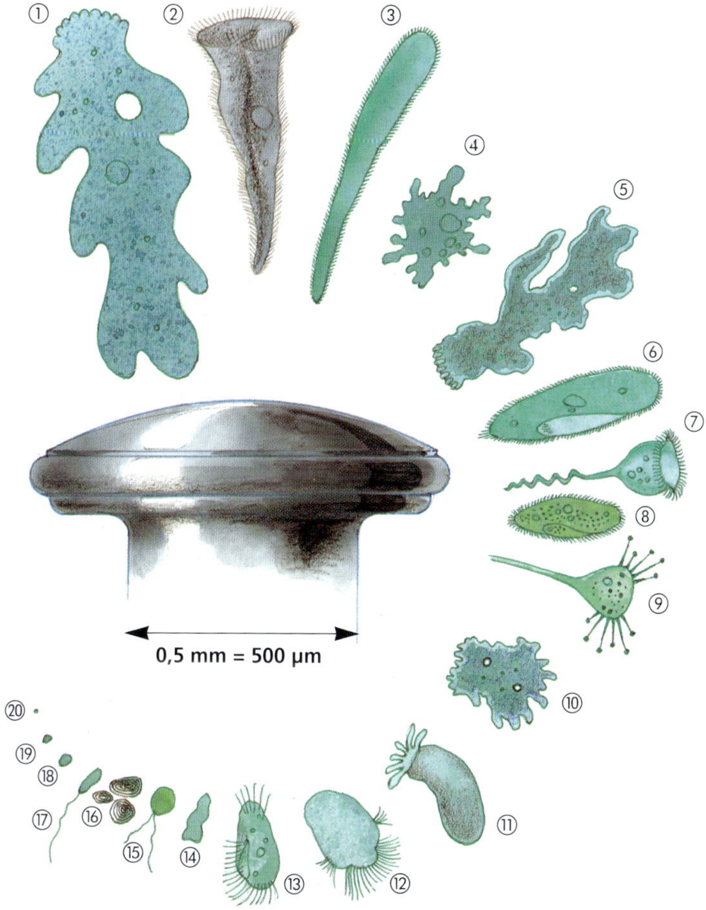

0,5 mm = 500 µm

1 Amöbe *(Amoeba proteus)*, 2 Trompetentierchen *(Stentor coeruleus)*, 3 Riesenwimpertierchen *(Spirostomum ambiguum)*, 4 Zackenamöbe *(Dinamoeba mirabilis)*, 5 Wurzelamöbe *(Polychaos fasciculata)*, 6 Gemeines Pantoffeltierchen *(Paramecium caudatum)*, 7 Glockentierchen *(Vorticella campanula)*, 8 Grünes Pantoffeltierchen *(Paramecium bursaria)*, 9 Saugtierchen *(Metacineta mystacina)*, 10 Schleimamöbe *(Metachaos laureata)*, 11 Gehäuseamöbe *(Trinema enchelys)*, 12 Rütteltierchen *(Strombidium viride)*, 13 Waffentierchen *(Stylonichia mytilus)*, 14 Darmamöbe *(Entamoeba histolytica)*, 15 Grünkugel *(Chlorella vulgaris)*, 16 Hüllenflagellat *(Chlamydomonas* sp.), 17 Augenflagellat *(Euglena gracilis)*, 18 Moorblaualge *(Synechococcus* sp.), 19 Netzblaualge *(Microcystis aeruginosa)*, 20 Bakterien *(Escherichia coli)*.

ANHEBEN VON DECKGLÄSERN

Druckempfindliche Kleinstlebewesen (z.B. Amöben) untersucht man unter „aufgebockten"
Deckgläsern (Deckglassplitter
oder zweites Deckglas).

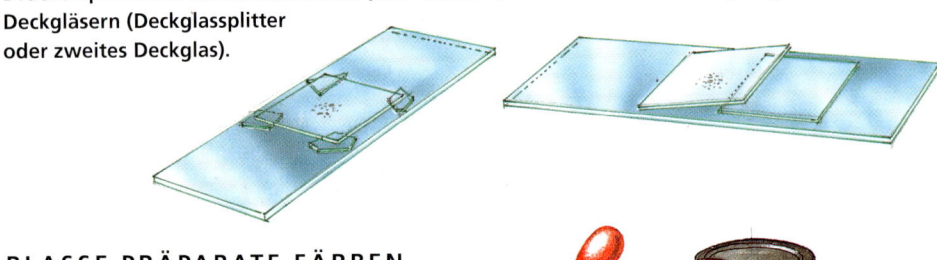

BLASSE PRÄPARATE FÄRBEN

ⓐ Farblösung (z.B. Eosin, Methylenblau)
   seitlich an das Deckglas setzen
ⓑ mit Filtrierpapier unter dem
   Deckglas durchsaugen
ⓒ Farbreaktion
   abwarten und
   untersuchen

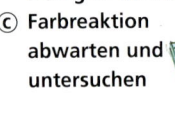

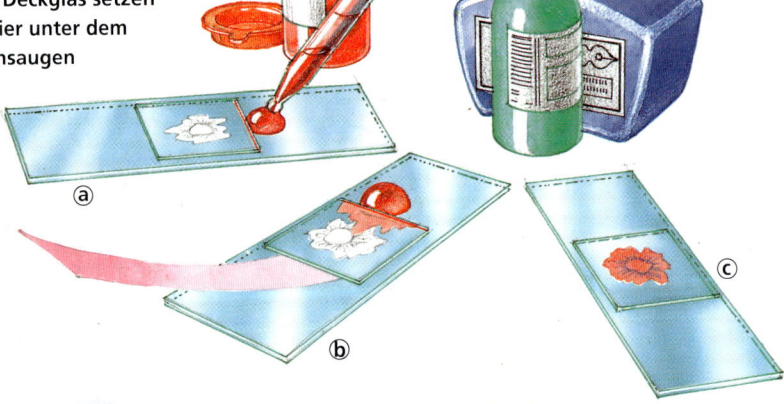

BEOBACHTUNGSVERFAHREN

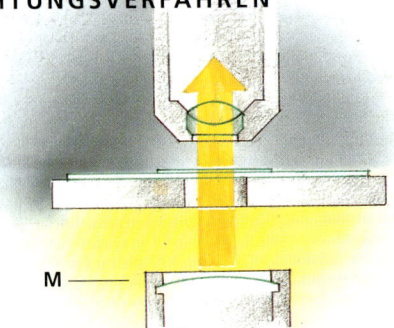

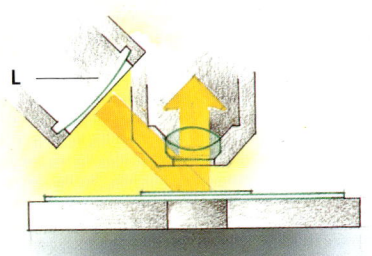

Hellfeldtechnik (Durchlichtverfahren):
Das Licht der Mikroskopleuchte (M) durchstrahlt das
Objekt und macht dessen Strukturen sichtbar.

Dunkelfeldtechnik (Auflichtverfahren):
Eine seitlich angebrachte Leuchte (L) be-
strahlt das Objekt; nur das reflektierte
Licht dient der Beobachtung.